SİZ DE BULUŞ YAPABİLİRSİNİZ

PATENT EL KİTABI

SİZ DE BULUŞ YAPABİLİRSİNİZ

PATENT EL KİTABI

M. Kaan DERİCİOĞLU

Güncellenmiş İkinci Baskı

AKILÇELEN KİTAPLAR
Yuva Mahallesi 3702. Sokak No: 4 Yenimahalle / Ankara
Tel:+90 312 396 01 11 Faks: +90 312 396 01 41
www.akilcelenkitaplar.com
Yayıncı Sertifika No: 12382
Matbaa Sertifika No: 42488

© Türkçe yayım hakları Akılçelen Kitaplar'ındır. Yayıncının yazılı izni olmadan hiçbir biçimde ve hiçbir yolla, bu kitabın içeriğinin bir kısmı ya da tümü yeniden üretilemez, çoğaltılamaz ya da dağıtılamaz.
Akılçelen Kitaplar, Arkadaş Yayın Grubu'nun tescilli markasıdır.

ISBN: 978-605-2382-48-6
ANKARA, 2019

Yayına Hazırlık	: Boğaç Erkan
Sayfa Düzeni	: Emine Özyurt
Kapak tasarımı	: Lodos Grup
Baskı	: Bizim Büro Basım Evi Yayın ve Dağıtım Hizmetleri Sanayi ve Ticaret Limited Şirketi Zübeyde Hanım Mahallesi Sedef Caddesi 6/A Altındağ/Ankara

İçindekiler

Önsöz xi
Giriş xiii
1 Fikir Ürünü 1
2 Buluş 2
   2.1. Einstein Problem Çözme Sırrı 3
   2.2. Ürün ve Usul (Yöntem) Buluşu 3
3 İnovasyon 5
4 Üründeki Unsurların Gruplandırılması 7
5 Buluş Yapan Nasıl Davranır? 9
6 Söz Uçar Yazı Kalır
   Buluşçu Defteri veya Laboratuvar Defteri 12
   6.1. Buluşçu Defteri Örnekleri 16
      6.1.1. NOLO The Inventor's Notebook
           (Fred Grissom – David Pressman) 16
      6.1.2. Anadolu Üniversitesi Laboratuvar Defteri Örneği 17
      6.1.3. Bilkent Üniversitesi Laboratuvar Defteri Örneği 18
7 Buluş Bildirimi 19
   7.1. Buluş Bildirim Formu 19
   7.2. Buluş Bildirim Formu Örneği 19

v

Siz De Buluş Yapabilirsiniz

7.3. NOLO Inventor's Notebook, Invention Disclosure 21
7.4. NOLO Invention Disclosure Çeviri 22
7.5. "WIPO Patent Drafting Manual" Örneği 22
7.6. "Invention Disclosure Form" İngilizce Örneği 23
7.7. "Invention Disclosure Form" Türkçe Örneği 26

8 Buluşa Patent Verilmesinin Amacı 29

9 Başvurunun Yayımlanması ve Geçici Koruma 30

10 Patent 33
    10.1. Ek Patent 34
        10.1.1. Ek Patentin Sanayi İçin Önemi 34
    10.2. Gizli Patent 36
    10.3. Ürün ve Usul Patenti 37
        10.3.1. Ürün Patenti Örneği 37
        10.3.2. Usul Patenti Örneği 39
        10.3.3. Ürün ve Usul Patentleri Arasındaki Fark 40
    10.4. Bağımlı Patent 41
    10.5. Triadic Patent 41
        10.5.1. Triadic Patent Alan Üç Örnek 41
    10.6. Üniter Patent Koruması (Unitary Patent Protection – UPP) 42

11 Faydalı Model Belgesi 43
    11.1. Patente İlişkin Hükümlerin Faydalı Modele Uygulanması 44
    11.2. Patent Başvurusu ve Faydalı Model Başvurusu
        Arasında Dönüşüm 44
    11.3. Patent Başvurusundan Dönüşüm 45
        11.3.1. Dönüşümde Araştırma Raporundaki
                Dönüşü Etkileyen Ayrıntı 45
    11.4. Faydalı Model Başvurusundan Dönüşüm 46

12 Ticaret Sırları – Açıklanmamış Bilgiler 47
    12.1. Patent ve Ticaret Sırları Arasındaki Fark 49

13 Bilgisayar Programları 50
    13.1. Eser Koruması ile Patent Koruması Arasındaki Fark 52

14 Rüçhan Hakkı 53

15 Patent Verilemeyecek Konular ve Buluşlar 55
    15.1. Patent Verilmeyecek Konular 55
    15.2. Patent Verilmeyecek Buluşlar 56

İçindekiler | vii

16 **Buluşa Patent veya Faydalı Model Belgesi Verilmesini**
   Etkilemeyen Açıklamalar (Hoşgörü Süresi – Grace Period) 57

17 **Patent Verilebilirlik Ölçütleri** 60
   17.1. Türkiye'de Ölçütler 60
       17.1.1. Yenilik ve Tekniğin Bilinen Durumu 60
       17.1.2. Buluş Basamağı 61
       17.1.3. Sanayiye Uygulanabilirlik 62
   17.2. Avrupa Patentinde Ölçütler 63
   17.3. Genel Olarak Patent Verilebilirlik Ölçütleri 64
       17.3.1. Buluşta Teknik Özellik 64
       17.3.2. Yeterince Açık ve Tam 65
       17.3.3. Gerçek Buluşçu/Buluşçular 65
       17.3.4. Buluş Bütünlüğü 66
           17.3.4.1. Buluş Bütünlüğü İçin Örnek 67

18 **Patent Sınıflandırması** 68
   18.1. Sınıf Sembolleri ile Patent Ön Araştırması 69
   18.2. IPC – Uluslararası Patent Sınıflandırması
         (International Patent Classification) 70
   18.3. CPC – Birleşik Patent Sınıflandırması
         Cooperative Patent Classification 72
   18.4. Bilgi Kaynağı Olarak Patent Sınıfları ve Sayıları 73
       18.4.1. Patent Başvurularının IPC Sınıflarına Göre Dağılımı 74
       18.4.2. Verilen Patentlerin IPC Sınıflarına Göre Dağılımı 74

19 **Patent Veri Tabanları** 76
   19.1. Türk Patent Veri Tabanı 76
   19.2. Avrupa Patenti Veri Tabanı 76
   19.3. Amerika Birleşik Devletleri Patent Veri Tabanı 77
   19.4. WIPO PatentScope Veri Tabanı 77
   19.5. Online Patent Araştırması Yapılan Siteler 77
   19.6. Bazı Ülkelerin Patent Ofis Siteleri 77
   19.7. Ücretli Bazı Patent Veri Tabanları 78

20 **Patent Başvurusunun Hazırlanması** 79

21 **Patent Ön Araştırması** 81
   21.1. Türk Patent ve Marka Kurumu Veri Tabanında
         Ön Araştırma 82
       21.1.1. Türk Patent ve Marka Kurumu Veri Tabanında
               "Medikal Cihaz" Araştırması 83

21.1.2. Türk Patent ve Marka Kurumu Veri Tabanında
"Tıbbi Cihaz" Araştırması 84
21.1.3. Avrupa Patenti Ofisi Veri Tabanında Yapılan
"Medical Devices" Araştırması 84
21.1.4. Avrupa Patenti Ofisi Veri Tabanında Yapılan
"Medical Devices" "2014:2017" Yıl Sınırlı Araştırması 85
21.1.5. Avrupa Patenti Ofisi Veri Tabanında Yapılan
Patent Sınıf Araştırması 86
21.1.6. USPTO, Atıf Yapılan Referanslar (References Cited)................87
21.1.7. EPO, Atıf Yapılan Referanslar (Cited Documents) 87

22 Patent Tarifnamesi 88
22.1. Japonya Örneği...88
22.2. Amerika Birleşik Devletleri Örneği 89
22.3. Avrupa Patenti Örneği 89
22.4. Türkiye Örneği...90
22.5. How to Get a European Patent 90
22.6. Tarifname Başlıkları 91

23 İstemler.. 92
23.1. İstemlerde "comprising", "wherein",
"further comprising" Uygulaması 93
23.2. Türk Patent ve Marka Kurumu Uygulaması 93
23.3. Amerika Birleşik Devletleri Örneği 94
23.4. Avrupa Patenti Ofisi İnceleme Kılavuzunda
"Comprising" ve "Consisting" Açıklaması 94

24 Patent Resimleri.. 96
24.1. Birleşik Krallık Araştırma Raporu Örneği 97

25 Özet 98
25.1. Avrupa Patenti Ofisi Örneği 98

26 Patent Süreçleri 99
26.1.1. Patent Süreçleri Tablosu 101

27 Patent Başvuruları 102
27.1. Patent Başvurusu İçin Seçenekler 103
27.2. Ulusal Patent Başvurusu...103
27.2.1. Türkiye'de Patent ve Faydalı Model İşlem Şeması 104
27.3. Patent Başvuru Sistemleri Listesi 105
27.4. Uluslararası Patent Başvurusu 105
27.4.1. Uluslararası Patent Başvurusu İşlem Şeması 107

İçindekiler | ix

27.5. Avrupa Patenti Başvurusu 108
    27.5.1. Avrupa Patenti İşlem Şeması 109
27.6. Avrasya Patenti Başvurusu 109
27.7. Avrupa ve Avrasya Patenti Sayıları Karşılaştırılması (2017 Yılı) 109

28 **Araştırma Raporu** **111**
    28.1. Kategoriler 113
    28.2. Araştırma Raporunda Belirtilen Belgelerin Özel Kategorileri 113
    28.3. Araştırma Raporlarında En Çok Kullanılan Kategoriler 114
        28.3.1. Kategori (A) 114
        28.3.2. Kategori (X) 115
            28.3.2.1. Uluslararası Araştırma Raporu (X) Örneği
                  EP 3190190 115
        28.3.3. Kategori (Y) 116
        28.3.4. (Y) ve (X) Kategorileri Arasındaki Fark 116
        28.3.5. Avrupa Araştırma Raporu (Y) Örneği EP12152647 117
        28.3.6. Kısmen Yeni Araştırma Raporu Örneği 118

29 **İnceleme Raporu** **119**
    29.1. Üçüncü Kişilerin İtirazları 120
    29.2. İnceleme Raporu Örneği 120

30 **Hakların Korunması** **121**
    30.1. Sahiplik 121
    30.2. Devir veya Aynî Sermaye veya Şirketlerin Birleşmesi 122
        30.2.1. Devir 122
        30.2.2. Aynî Sermaye 123
        30.2.3. Şirketlerin Birleşmesi 123
        30.2.4. Rehin 124

31 **Lisans (Sözleşmeye Dayanan Lisans)** **126**

32 **Zorunlu Lisans** **128**

33 **Serbest Kullanım** **130**

34 **6769 sayılı Sınai Mülkiyet Kanunu** **131**
    34.1. Patentin Verilmesine İtiraz 132
    34.2. Başvuru İçin Verilecek Belge ve Bilgiler 132
    34.3. Araştırma Raporunun Düzenlenmesi ve Yayımı 132
    34.4. Başvurunun Yayımı ve Üçüncü Kişilerin Görüşleri 133
    34.5. İnceleme Raporu 133
    34.6. İtiraz ve Karar 134

34.7. Yıllık Ücretler 134
34.8. İşlemlerin Devam Ettirilmesi ve Hakların Yeniden Tesisi 135
34.9. Çalışanların Buluşları 135

35 Diğer Konular 138
35.1. Hakkın Tüketilmesi İlkesi ve Paralel İthalat 138
35.2. Hızlandırılmış İnceleme İşlemleri
(Patent Prosecution Highway-PPH) 140
35.3. Provisional Patent Application 141
35.4. TÜBİTAK Destekleri 141
35.5. 6518 Sayılı Kanun 142

36 İstatistikler – Göstergeler 143
36.1. 2015-2017 Başvuru Sayıları (Dünya Çapında Toplam) 144
36.2. Patent Başvuru Sıralamasına Göre Patent Sayıları 2017 145
36.3. İşlem Sayıları 146
36.4. Yurtdışı Patent Başvuruları ve Verilen Patentler 148
    36.4.1. 2017 – Yurtdışı Patent Başvurusu ve Alınan Patentler 149
    36.4.2. 2017 – Türkiye'nin Yabancı Patentlerden Aldığı Pay 149

37 Ekler 150
37.1. Tarifname - Bisiklet İçin Pedal Çevirme Cihazı 150
    İstemler 155
    Özet – Bisiklet İçin Pedal Çevirme Cihazı 158
37.2. Description – Pedalling Device for Bicycle 159
37.3. Figures – Pedalling Device for Bicycle 169
37.4. 6769 sayılı Sınai Mülkiyet Kanunu Patent ve
Faydalı Model Bölümü 173

Özgeçmiş 237

Kısaltmalar 240

Kaynaklar 242

Kavramlar Dizini 248

Önsöz

Bu kitabın içeriği, "Buluşlar ve Patent Sistemi" adı ile Boğaziçi Üniversitesi tarafından 2016 yılında, Türkçe ve İngilizce olarak yayınlanmıştı. 2016 yılında, buluşlar ve buluşların patent veya faydalı model belgeleri ile korunmasına ilişkin, Türkiye'deki yasal düzenleme, 551 sayılı Patent Haklarının Korunması Hakkında Kanun Hükmünde Kararname idi. 1995 yılında kabul edilen bu kararname, 10 Ocak 2017 tarihinde yürürlüğe giren 22 Aralık 2016 tarih ve 6769 sayılı Sınaî Mülkiyet Kanunu ile yürürlükten kaldırılmıştır.

Buluşlar ve Patent Sistemi adlı önceki kitabın içeriği temel kavramlar ve uluslararası kurallar bakımından değişmemekle birlikte, yeni yasal düzenlemeler kitabın güncellenmesi ihtiyacını oluşturmuştur. Güncelleme yapılırken, buluşların yapılmasını özendirmek ve katkı sağlamak amacıyla, kitapta farklı bir düzenleme yapılmış ve "Siz De Buluş Yapabilirsiniz - Patent El Kitabı" adı kullanılmıştır.

Çok kapsamlı olan buluşların yapılması ve korunması konusunu küçük boyutlu bir el kitabında açıklamak oldukça zordur. Bu nedenle, buluştan başlayan ve patent veya faydalı model belgesi alınıncaya kadar süren işlemler, örneklerle anlatılmaya çalışılmıştır. Konunun uluslararası niteliği nedeniyle, ulusal nitelikli yapıya ek olarak, uluslararası ve bölgesel nitelikli yapıya da değinilmiştir.

Dünya Fikri Haklar Örgütü WIPO ve bu örgütün faaliyetlerine doğal olarak yer verilmiş ve bu örgüt tarafından her yıl yayımlanan Fikri Haklar Göstergeleri'ndeki (IP Indicators) verilerden örnekler sunulmuştur. Bu örneklerin, özellikle patent sayıları bakımından istenilen düzeye "gelemeyen" Türkiye'nin patent sistemi konusunda gelişmesine katkı sağlayacağını umuyorum.

6769 sayılı Sınai Mülkiyet Kanunu'nun yürürlüğe girişi üzerinden iki yıldan fazla zaman geçmiş ve uygulamalar konusunda gerek idari yapıda ve gerekse yargıda henüz içtihatlar oluşmamıştır.

Bu kitabın hazırlanmasında beni özendiren ve destekleyen Türkiye Teknoloji Geliştirme Vakfı'nın değerli Yöneticileri Sayın Cengiz ULTAV'a, Sayın Mete ÇAKMAKÇI'ya, Sayın Yücel TELÇEKEN'e, Sayın Serdar GÖKPINAR'a sonsuz saygı ve teşekkürlerimi sunuyorum.

Bu kitabın baskıya hazırlanması aşamalarında desteklerini esirgemeyen, yol gösteren ve bana cesaret veren, yayın kararı alan, Arkadaş Yayınevi'nin değerli Yöneticisi Sayın Cumhur ÖZDEMİR'e, kitabın kapak tasarımını yaparak büyük katkı sağlayan, değerli sanatçı Sayın Onur Can ÖZDEMİR'e ve sayfa düzenlemesini çok başarılı bir biçimde gerçekleştiren Sayın Boğaç ERKAN'a ve Sayın Emine ÖZYURT'a teşekkürlerimi iletiyorum.

Son olarak, kitabın hazırlanması aşamalarında bana sonsuz destek veren eşim Sayın Nuran DERİCİOĞLU'na ayrıca teşekkür ediyorum.

Saygılarımla,

M. Kaan DERİCİOĞLU

Giriş

Fikirlerin ifade edilmesi ile oluşan buluşları yapan ve bu buluşlarla katma değer yaratan, pazarlanabilir ürünlere dönüştüren kişiler sayesinde bugünkü teknik düzeye ulaşıldığı bir gerçektir. "Buluş nasıl yapılır?" ve "buluş nasıl korunur?" birbirini bütünleyen iki ayrı konu olarak yorumlanabilir. Buluş yapıldığı hâlde korunabilir bir buluşun olmaması, buluş yapmak için harcanan zaman, emek ve paranın boşa gitmesi anlamındadır. Buluş iddialarına patent almak amacıyla yapılan patent başvurularından bazılarına patent verilmemesi, korunabilirlik konusuna yeterli zamanın ayrılmaması ve buluşlara patent verilmesi için gerekli ölçütlerinin yeterince karşılanmaması sonucunu doğurmaktadır.

Birbirlerini bütünleyen buluş ve inovasyon kavramları, Dünya Fikri Haklar Örgütü WIPO'nun, "Inventing The Future" [1] adlı yayınının inovasyonun gücü başlıklı paragrafında şu şekilde yer almıştır: "Buluş" ve "İnovasyon" arasındaki fark önemlidir. Buluş, teknik bir soruna ilişkin teknik bir çözüme ve inovasyon ise, buluşun pazarlanabilir bir ürüne veya sürece dönüştürülmesine işaret eder. Günümüz eko-

---
1 Inventing The Future

nomisinde, **bir şirkette inovasyonun yönetilmesi**, şirketin kendi yenilikçi ve yaratıcı kapasitesinden azami yararı elde etmesi için **patent sisteminin iyi bilinmesini gerektirmektedir.**

WIPO'nun bu önerisi dikkate alınarak Patent El Kitabı yoluyla Patent Sistemi'nin tanıtılması ve bu yolla Türk İnsanına **"Siz De Buluş Yapabilirsiniz"** mesajı verilerek, korunabilir buluşların hangi nitelikleri içermesi gerektiği, bu kitapta açıklanmaya çalışılmıştır.

Her insan teknik alanlardaki sorunları saptayabilir ve bu sorunları çözmek için öneriler geliştirebilir. Son iki yüz yıllık geçmişe bakıldığında, bugün basit olarak algılanan, birçok buluşun yapıldığı ve bunların günlük yaşamı etkilediği görülecektir. Örneğin, çengelli iğne (1849), fermuar (1893), ataç (1900), tükenmez (bilye uçlu) kalem (1938) gibi buluşların, günümüzde de kullanımı sürmektedir.

Buluş yapmak söz konusu olduğu zaman, eline kalem almamış herhangi bir kişi Leonardo da Vinci veya Albert Einstein ile aynı noktadadır! Herkes buluşçu olabilir, herkes buluş yapabilir. Önemli olan, bu buluşların nasıl yazılı hâle getirileceğinin öğrenilmesidir.

Bu kitap, buluşlar ve patent sistemi konusunda dünya sıralamasının alt sıralarında bulunan insanlarımızı cesaretlendirmeyi, buluşlarıyla ülkesine katkı yapar hâle gelmesini sağlamayı amaçlamaktadır.

Bu kitap, fikirlerinizi nasıl ifade edebileceğiniz konusunda size yol gösterecek ve kolayca anlaşılabilen, fikirlerinizin yolunu açan bir el kitabı olarak en büyük desteğiniz olacaktır.

1
Fikir Ürünü

Fikirler değil, fikir ürünleri korunmaktadır. Bir biçim kazandırılarak bir ürün şeklinde ifade edilmemiş fikirler için herhangi bir yasal koruma söz konusu değildir.

Dünya Ticaret Örgütü Kuruluş Anlaşması eki Ticaretle Bağlantılı Fikri Haklar Anlaşması'nın (TRIPS) 9/2 maddesinde [2]; *"Eser koruması; fikirleri, usulleri, işletme yöntemlerini veya buna benzer matematiksel kavramları değil, ifadeleri kapsayacaktır."* şeklinde belirtilmiştir.[3]

İfade edilmekten amaçlanan, fikir ürününün bir biçim kazandırılarak oluşturulmasıdır.

Korumanın başlaması için fikir ürününün oluşması ön koşuldur. Henüz yazılmamış bir roman veya senaryo, tamamlanmamış bir buluş, görsel anlatımı oluşmamış bir endüstriyel tasarım, henüz kullanılmamış bir marka için bir yasal koruma başlamamıştır.

---

2 http://www.wto.org/english/docs_e/legal_e/27-trips.pdf http://www.wipo.int/treaties/en/ip/wct/trtdocs_wo033.html
3 Kaynak: http://www.wto.org/english/tratop_e/trips_e/trips_e.htm

2

Buluş

Buluşların yasal olarak korunmasını sağlayan "Patent ve Faydalı Model Belgeleri" çok kapsamlı iki konudur. Bu iki belge türünün ortak özelliği her ikisinin de buluşları korumak için verilmesidir.

Buluşun tanımının yapılmaması gerektiği konusunda görüşler vardır. Avrupa Patenti Sözleşmesi İnceleme Kılavuzunda, buluşun ne anlama geldiğinin Avrupa Patenti Sözleşmesinde tanımlanmadığı belirtilmektedir. Tanım yerine, hangi konu ve buluşların patent ile korunmayacağı örneklenmiştir.

Dünya Fikri Haklar Örgütü WIPO buluşu, "Patent dilinde buluş, genellikle teknik bir sorunun, yeni ve yaratıcı bir çözümü" olarak tanımlamıştır.[4]

Bilinen uygulamalara göre bir buluşta aranan iki temel özellik; "teknik sorun" ve "yeni bir çözüm" dür.

Japonya'daki patent tarifnamesi yazım örneğinde yer alan "Problem(s) to be solved by the invention", "Means for solving the problem" ifadeleri, buluşun anlamı konusunda fikir vermektedir. [5]

---

4   https://www.wipo.int/edocs/pubdocs/en/sme/917/wipo_pub_917.pdf
5   (buluşla çözümlenmesi istenen sorunlar)(sorunun çözümü için buluşun genel anlatımı)

2.1. Einstein Problem Çözme Sırrı [6]

Einstein'ın bu konudaki düşüncesi, problem ve çözüm konusuna açıklık getirmiştir. Patent sisteminde bir buluşun varlığı için genellikle teknik bir sorunun saptanması ve çözümü gereklidir. Teknik sorunları saptamak ve bu sorunlara teknik çözümler bulmak amacıyla yapılacak faaliyetlerden önce, Einstein'ın problem çözme sırrı konusundaki yayınına bakılmasında yarar olabilir.

"Dünyayı kurtarmak için bir saat zamanım olsaydı; elli beş dakikasını problemi tanımlamaya, kalan beş dakikayı da çözümü bulmaya ayırırdım." Problem, "Problem"in ne olduğunu anlayabilmektir. Önce problemi net bir şekilde tanımlayın! Problemin tanımı, problem çözme uğraşınızın odak noktası olacaktır. Bu yüzden, problemin tanımlanmasına mümkün olduğunca çok vakit ayırmak ve özen göstermek gerekir.

Einstein'ın ima etmeye çalıştığı şey; bulduğunuz çözümlerin kalitesinin, çözmeye çalıştığınız problemin tanımının kalitesiyle, doğru orantılı olacağıdır. Beyaz Nokta Vakfı'nın belirtilen linkinde bu konuda ayrıntılı bilgi bulunmaktadır.

2.2. Ürün ve Usul (Yöntem) Buluşu

Buluşlar ürün ve usul olmak üzere iki ayrı yapıda değerlendirilir. Buluş konusu yeni bir ürünü öneriyorsa ürün buluşu ve buluş, bir ürünün üretilmesi için yeni bir usul öneriyorsa usul buluşu olarak adlandırılır. Benzer tanımlama ürün ve usul patenti için de geçerlidir.

Patent almak amacıyla başvurulan bazı buluşlarda ürün ve usul buluşu aynı başvuruda belirtilebilmektedir. Örneğin, Amerika Birleşik Devletleri'nde verilen 8,000,000 sayılı patentin istemlerinde; "A visual prosthesis apparatus" ve "A method for power consump-

---

6 https://beyaznokta.org.tr/oku.php?id=648

tion in a visual prosthesis apparatus" ifadeleri kullanılarak ürün ve usul buluşları için, ayrı istemlerde belirtilerek, patent alınmıştır.

Türkiye'de uygulanan kurallara göre, patentten doğan haklara tecavüz iddiasında ürün ve usul patentlerindeki ispat yükümlülüğü farklılığı, büyük olasılıkla somut olaya göre değerlendirilecektir.

3

İnovasyon

Maddesel olmayan varlıklar içinde yer alan inovasyon; OSLO Kılavuzu'nun çevirisinde "yenilik" olarak sunulmuştur.

"Bir yenilik, işletme içi uygulamalarda, işyeri organizasyonunda veya dış ilişkilerde yeni veya önemli derecede iyileştirilmiş bir ürün (mal veya hizmet), veya süreç, yeni bir pazarlama yöntemi ya da yeni bir organizasyonel yöntemin gerçekleştirilmesidir." [7]

Dünya Fikri Haklar Örgütü WIPO tarafından yayımlanan "Inventing The Future" adlı eserin, İnovasyonun Gücü başlıklı paragrafında, şu açıklama yer almıştır:

"Buluş" ve "İnovasyon" arasındaki fark önemlidir. Buluş, teknik bir soruna ilişkin teknik bir çözüme işaret eder. Bu ise, yenilikçi bir fikir veya çalışır bir model veya prototip şeklinde olabilir. İnovasyon ise, buluşun pazarlanabilir bir ürüne veya sürece dönüştürülmesine işaret eder.

Günümüz ekonomisinde, <u>bir şirkette inovasyonun yönetilmesi</u>, şirketin kendi yenilikçi ve yaratıcı kapasitesinden azami yararı elde

---

7   OSLO KILAVUZU, Sayfa:50
    http://www.tubitak.gov.tr/tubitak_content_files/BTYPD/kilavuzlar/Oslo_3_TR.pdf

etmesini sağlamak için patent sisteminin iyi bilinmesini gerektirmektedir. Diğer patent sahipleriyle kârlı ortaklıklar kurmak, başkalarının sahip olduğu teknolojinin yetkisiz kullanımını önlemektedir. Geçmişten farklı olarak günümüzde inovasyonun birçoğu karmaşıktır ve farklı patent sahiplerinin elinde bulunan patenti alınmış bir dizi buluşa dayanmaktadır. Kaynak: Inventing The Future, WIPO Publication No. 917(E) [8]

---

8 https://www.wipo.int/edocs/pubdocs/en/.../917/wipo_pub_917.pdf

4
Üründeki Unsurların Gruplandırılması

Ürün/Buluş ilişkisini değerlendirmek için, üründeki unsurların niteliklerine göre gruplandırılması yapılabilir:

- Ürün için teknik zorunluluk olan unsurlar
- Başkaları tarafından geliştirilmiş, patent koruması olan unsurlar
- Başkaları tarafından geliştirilmiş patent koruması olmayan unsurlar
- Ar-Ge veya Ür-Ge faaliyeti sürecinde geliştirilen yenilik içeren unsurlar

Teknik zorunluluk olan ve patent koruması olmayan unsurlar kapsamındaki buluşlar, bir ürünün tercih edilen üretiminde yer alacak ise, bu buluşların kullanımı sorun oluşturmayacaktır.

Patent koruması olan buluşlar kapsamındaki unsurlar, patent sahibinin izni olmadan kullanılamaz.

Dünya Fikri Haklar Örgütü WIPO tarafından yayınlanan göstergelerde, bir ülkede işlem yapılan patent başvuru sayıları ile patent verilen, reddedilen, geri çekilen patent başvuru sayıları ile incelemeci sayıları açıklanmıştır. [9]

Geliştirilen yenilik içeren unsurlar kapsamındaki buluşların, patent veya faydalı model belgesi alındıktan sonra kullanılması önerilir. Bu önerinin gerekçesi, 2017 yılında en çok patent başvurusu yapılan bazı ülkelerdeki reddedilen ve geri çekilen başvuru sayılarının yüksekliğidir. Bir karşılaştırma yapmak bakımından Türkiye, Tayland, Meksika ve İspanya'daki sayılar tabloya eklenmiştir. Tayland, daha az incelemeci ile daha çok işlem yapmıştır. Japonya, Kore, ABD ve Almanya ile karşılaştırıldığında Türkiye, Tayland, İspanya ve Meksika'nın çok gerilerde olduğu anlaşılıyor.

Ülke	İşlem Yapılan	Verilen Patent	Reddedilen Başvuru	Geri Çekilen Başvuru	İncelemeci Sayısı
Japonya	246.500	183.919	60.613	1.968	1.696
Kore	177.118	110.408	62.869	3.841	866
ABD	922.859	318.828	469.976	134.055	8.279
Almanya	36.833	15.653	8.356	12.824	721
Türkiye	2.422	2.100	257	65	112
Tayland	14.204	3.080	906	10.218	73
İspanya	2.965	2.011	462	492	176
Meksika	13.921	8.843	120	4.958	129

---

9 https://www.wipo.int/edocs/pubdocs/en/wipo_pub_941_2018.pdf

5

Buluş Yapan Nasıl Davranır?

Buluş yapanın dört davranış seçeneği olduğu söylenebilir:

Seçenek 1 - Buluş açıklanmaz ve uygulanmaz. Bu seçenek; «Buluşun toplum yararına kullanılmaması» anlamına gelir.

Seçenek 2 - Buluş açıklanır ve uygulanır, herkese serbest bırakılır. Bu seçenek; «Buluşu herkes serbestçe kullanabilir» anlamındadır. Buluş sahibi, emek, zaman, para harcadığı buluşu için, kendisine tanınan münhasır hakkı kullanmaz.

Seçenek 3 - Buluş sahibi veya haklarını devir ettiği kişi, önce patent veya faydalı model başvurusu yapar, daha sonra isterse buluşu açıklar ve uygular veya bir başka kişinin uygulaması için lisans sözleşmesi yaparak izin verir.

Bu seçenek, yasal düzenlemelerle buluş yapana tanınan münhasır hakkın kullanımı anlamındadır. Buluş, patent veya faydalı model başvurusu yapılarak topluma açıklanır. Buluş iddiası, ilgili kamu kurumu tarafından araştırılacak, incelenecek ve eğer ölçütleri karşılıyorsa patent veya faydalı model belgesi verilerek korunacaktır.

Seçenek 4 - Patent veya faydalı model başvurusu yapılmaz, buluş üçüncü kişilere açıklanmaz, gizli tutulur. Bu seçenekte, buluş sahibi isterse buluşu kendisi kullanır ve uygular ve/veya isterse buluşun kullanımı ve uygulanması için bir başka kişiye sözleşme yaparak izin verir.

Buluşçunun buluşun gerçekleştirilmesi için harcadığı "emek, zaman ve para" ilk iki seçenekte kendisine geri dönemez. Üçüncü ve dördüncü seçeneklerde, patent veya faydalı model ile veya ticaret sırları olarak korunan buluş, teknik alandaki başarısına veya sağladığı rekabet gücüne paralel olarak, buluşçuya ekonomik getiri sağlar.

Üçüncü ve dördüncü seçenekler arasındaki en önemli fark, patentte buluşun açıklanmasına karşılık, ticaret sırlarında buluşun açıklanmamasıdır. Bu fark, ticaret sırlarında, buluş herhangi bir nedenle açıklandığı zaman, korumanın sona ermesine neden olacağı için önemlidir.

Üründen geriye mühendislik ile anlaşılabilen bir buluş rakipler tarafından öğrenilebilir. Bu olay, patent başvurusu yerine ticaret sırları seçeneğinin tercih edilmesi nedeniyle buluşçu için risk oluşturabilir.

Bir hizmet ilişkisi kapsamında çalışanların buluşları için, yukarıdaki seçeneklerin bir istisnası söz konusudur. Bir hizmet ilişkisi kapsamında çalışanlar, buluş yaptıkları zaman işverene bildirmekle yükümlüdür. İşveren söz konusu buluş üzerinde yasal olarak tam hak talep ettiği zaman, buluşa ilişkin tüm haklar işverene geçer. Dolayısıyla çalışan yukarıdaki seçenekleri kullanamaz. Eğer işveren bildirilen buluşu çalışana serbest bırakırsa, çalışan söz konusu seçenekleri özgürce kullanabilir.

Üçüncü seçeneğin tercihi, rekabet gücü kazanmanın yanında, gerek Vergi Kanunları ve gerekse Türk Ticaret Kanunu ile tanınan haklardan da yararlanılmasını sağlar.

Buluş yapan kişi patent veya faydalı model belgesi aldıktan sonra haklarını bir bedel karşılığı devir edebilir. Bu işlem için buluş sahibinin gelir vergisi mükellefi olmasına gerek yoktur. Gelir Vergisi Kanunu'na göre devir işleminin vergisi, kesilecek stopaj ile karşılanacaktır.

Ayni sermaye konulması, %50 vergi indirimi ve diğer tasarruf biçimleri, Hakların Korunması bölümünde açıklanmıştır.

6

Söz Uçar Yazı Kalır
Buluşçu Defteri veya Laboratuvar Defteri

Patent sisteminde bir buluşun varlığı için genellikle teknik bir sorunun saptanması ve çözümü gereklidir. Teknik sorunları saptamak ve bu sorunlara teknik çözümler bulmak amaçlı çalışmalarda bir **buluşçu defteri** tutulması, [10] bir kişinin yaratıcı düşüncesinin yazıldığı bir günlük olarak kabul edildiği için çok önemlidir.

Buluşçu Defteri, buluşçuların fikirlerini, buluş sürecini, deneysel testleri, sonuçları ve gözlemleri kaydetmek için; buluşçular, bilim insanları, mühendisler, tasarımcılar tarafından yapılan araştırmaların tüm aşamalarının kayıt edilmesinde kullanılır. [11] Buluşçu Defteri, yenilikçi fikirlerden başlayan ve hedeflenen aşamaya gelindiği zaman sona eren bir eylemin tutanağı veya günlüğüdür.

---

10 "Laboratuvar Defteri – Laboratory Notebook", "Buluş Defteri – Invention's Notebook", "İnovasyon Defteri – Innovation Notebook" vb. kullanımları da vardır.

11 https://www.globalpatentsolutions.com/blog/importance-keeping-inventors-notebook/
http://www.bookfactory.com/laboratory-notebooks.html

Leonardo da Vinci'nin ve Edison'un buluşçu defteri tuttuğuna ilişkin bilgiler bulunmaktadır. Buluş yapmak, bilgi, emek, sabır, zaman, para gerektirir. Buluş yapan kişiler eylemlerinin karşılığını doğal olarak almak ister. Bu konuyu «Marifet iltifata tabidir. İltifatsız marifet zayidir» atasözü çok iyi ifade etmektedir. Eğer buluş, gerçekten yeni, sanayiye uygulanabilir ve bir buluş basamağını içeriyorsa, Devlet tarafından patent verilerek korunacaktır. Ancak patent tarifnamesi olarak adlandırılan metinde buluşun yeterince açık ve tam tanımlanması ve tekniğe katılan yeniliklerin istemlerde belirtilmesi gerekecektir. [12]

Ar-Ge faaliyeti genellikle uzun bir süreç içerir. Eğer bu süreçte yapılan çalışmalar, yasal olarak kabul edilecek bir biçimde kayıt edilmezse, geliştirilecek buluşu tarifnamede yeterince açık ve tam tanımlamak mümkün olamayacaktır. Buluşçu Defteri'nin en önemli özelliği Ar-Ge faaliyeti sürecinde oluşturulan teknik çözümlerin kanıtlanmasını sağlamasıdır. Ayrıca teknik çözümlerin Ar-Ge faaliyetinin hangi aşamasında gerçekleştiğini kanıtlamak mümkün olabilecektir.

Üçüncü kişilerin buluştan esinlenip esinlenmediği konusu da aşamaların izlenmesi ile saptanabilecektir. Örneğin, sonraki tarihli bir buluşun önceki tarihli olandan tersine mühendislik sonucu ortaya çıkıp çıkmadığı, herhangi bir bilginin önceki buluştan alınıp alınmadığı veya tesadüfen aynı sonuca ulaşılıp ulaşılmadığı, aşamaların izlenmesi ile saptanabilecektir. [13]

Buluşçu Defteri'nden yasal yarar sağlanması için, yapılan değişikliklerin, saptanan bulguların, buluşçu tarafından farklı kabul edilen bütün gelişmelerin, doğru ve ayrıntılı olarak yazılması önemlidir:

---

12 SMK 92/1 Buluş, buluş konusunun ilgili olduğu teknik alanda uzman bir kişi tarafından buluşun uygulanabilmesini sağlayacak şekilde yeterince açık ve tam olarak patent başvurusunda, tarifname, istemler ve tarifnamede veya istemlerde atıf yapılan resimlerle açıklanır. Avrupa Patenti Sözleşmesinde "sufficiently clear and complete" kullanılmıştır. EPC Article 83 Disclosure of the invention. The European patent application must disclose the invention in a manner sufficiently clear and complete for it to be carried out by a person skilled in the art.

13 Av. Ekin Karakuş Öcal, Laboratuvar Defterinin Hukuki Yorumu, Sunu, Anadolu Üniversitesi, 2015

- Mürekkepli kalem kullanılmalıdır. [14]
- Buluşçu Defteri'nin her sayfasına tarih atılmalıdır.
- Buluşçu Defteri'nin her sayfasına araştırmayı yapan kişinin ve bir tanığın veya tanıkların imzası atılmalıdır.
- Sayfalarda boşluk kalmamalı, boşluk kalan kısımlar çizilerek doldurulmalıdır.
- Yapılan yazılar silinmemeli, üstü karalanmadan çizilerek ve paraf atılarak defterde tutulmalıdır.
- Buluşçu Defteri'ne başka verilerin yapıştırılarak eklenmesi hâlinde (tablolar, grafikler, çizimler, vb.) ilgili verinin kenarlarına paraf atılarak, söz konusu eklemenin buluşçu tarafından yapıldığı kanıtlanmalıdır.
- Buluşçu Defteri, bir defter şeklinde ise ciltli veya ortadan dikişli olmalı, spiralli defter olmamalı ve defter yapraklarının koparılması kolay olmamalıdır.
- Buluşçu Defteri, kilitli bir ortamda saklanmalıdır.

Buluşçu Defteri ile elde edilen avantajlar şu şekilde özetlenebilir:

- Buluşçunun buluşu ilk yapan olarak belirlenmesi,
- Buluşun kapsamının belirlenmesi,
- Ortak buluşlarda katkının belirlenmesi,
- Buluşun yapıldığı tarihin saptanması,
- Patent tarifnamesi ve istemlerin yazılması için gerekli bilgileri içermesi,
- Buluşu gasp etmek isteyenlere karşı kanıt oluşturması,
- Bir dava sırasında kullanılabilecek buluş ile ilgili tüm bilgileri içermesi,
- En az bir tanığın imzasını içermesi.

Buluş, Patent Ofisi olarak adlandırılan bir kurum tarafından denetlenen ve ölçütleri karşılıyorsa patent verilerek onaylanan bir İDDİA

---

14 Laboratuvar Kalemi Testi, Laboratuvar Araştırma Defteri, Entekno Limited, Eskişehir

olduğu için, bazı özel durumlarda kanıtlanma ihtiyacı söz konusu olabilmektedir.

«Söz uçar, yazı kalır» özdeyişi, buluşçu defterinin önemini vurgulamaktadır.

Buluşların korunması için mevcut ölçütler, her buluş yaptığını iddia eden ve patent ile korunmasını isteyen buluşçunun, çok zorlu bir sınava gireceğini göstermektedir.

Bu zorlu sınavın kazanılmasında ilk sırayı buluşçu defteri almaktadır. Buluşçu defterinin tüm bilgileri ayrıntılı bir biçimde içermesi gerekmektedir.

Patente giden yolda ikinci sırada olan Buluş Bildirim Formu'nun doldurulması, Buluşçu Defteri'ne doğrudan bağımlıdır.

Sonraki aşamalarda yapılacak patent ön araştırması ve yazılacak tarifname ve istemler, Buluşçu Defteri'nin içereceği bilgilerin önemini üst düzeye taşımaktadır.

12-13 Mayıs 2014 tarihlerinde İstanbul'da yapılan ve EPO uzmanları Kaisa Suominen & Erich Waeckerlin'in katıldığı «Pre-Drafting and Drafting of Application» adlı seminerde yapılan sunumlarda bir Buluşçu Defteri'nde nelerin yer alması ve hangi soruların yanıtlarının bulunması gerektiğini konusunda bazı öneriler vardır.

Buluş ile ilgili bazı sorular:

- Buluş nedir? (Cihaz, sistem, bileşen, yöntem, kullanım...)
- Buluş hangi problemi çözüyor?
- Buluş nasıl çalışıyor? Çizimler?
- Buluşçu önceki teknikle ilgili neler biliyor?
- Önceki tekniğin dezavantajları neler?
- Buluş bu dezavantajların üstesinden nasıl geliyor?
- Buluşun başka avantajları var mı?
- Buluşu gerçekleştirmek için başka yollar var mı?
- Buluşu gerçekleştirmek için en iyi yol nedir ve neden?

Patent alınmak isteniyorsa, aşağıdaki eleştirilere de hazır olmak ve değerlendirmek gerekiyor.

- Buluş problemin gerektirdiğinden daha karmaşık
- Buluş başvuru tarihine kadar gizli tutulmamış
- Buluş yeni değil
- Buluşçu problemi tümüyle ele almamış
- Buluşu kimse istemiyor
- Buluş, gizli tutulması hâlinde daha güvende olacak
- Buluşçu, buluşunu olduğundan daha değerli görüyor

Kaynak: «Pre-Drafting and Drafting of Application – Kaisa Suominen & Erich Waeckerlin» epi Seminar in Istanbul, 12-13 May 2014

6.1. Buluşçu Defteri Örnekleri

6.1.1. NOLO The Inventor's Notebook (Fred Grissom – David Pressman)

Örnek olarak alınan bu **Buluşçu Defteri**, buluşçunun not tutacağı değişik amaçlı yapraklara ek olarak, bir kılavuz niteliğinde bilgiler de içermektedir.

Ar-Ge faaliyeti sırasında karşılaşılabilecek birçok konuda uyarı yazıları ve ayrıca diğer kişilerle yapılması gereken bazı sözleşme örnekleri, kitapta yer almaktadır. Kitabın yeni baskıları da yayınlanmıştır. Kitapların bazı baskılarına internetten ulaşılabilmektedir.

6.1.2. Anadolu Üniversitesi Laboratuvar Defteri Örneği

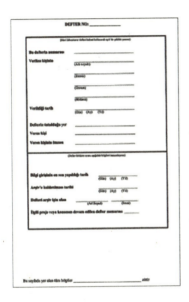

Entekno Şirketi tarafından düzenlenen ve Anadolu Üniversitesi'nde kullanılan Laboratuvar Araştırma Defteri: Talimatı içeren bir giriş yazısını, kullanılacak kalem örneklerini, periyodik tabloyu, uzunluk, sıcaklık ve basınç karşılaştırma değerlerini, tehlikeli maddelere ilişkin uyarı işaretlerini içermektedir. Defterdeki kayıtları kolay bulabilmek için deftere içindekiler bölümü eklenmiştir.

6.1.3. Bilkent Üniversitesi Laboratuvar Defteri Örneği

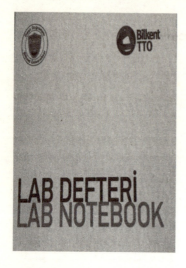
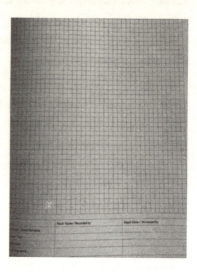

İhsan Doğramacı Bilkent Üniversitesi Teknoloji Transfer Ofisi tarafından düzenlenen bu defterin giriş bölümünde, Kayıt Tutma Prosedürleri belirtilmiş ve içindekiler bölümü deftere eklenmiştir.

7

Buluş Bildirimi

7.1. Buluş Bildirim Formu

Patente giden yolda ikinci sırada olan Buluş Bildirim Formu'nun doldurulması, Buluşçu Defteri'ne doğrudan bağımlıdır.

Sonraki aşamalarda yapılacak patent ön araştırması ve yazılacak tarifname ve istemler, Buluşçu Defteri'nin içereceği bilgilerin önemini üst düzeye taşımaktadır.

7.2. Buluş Bildirim Formu Örneği

Buluş bildirim formu, çalışanların buluşları, yükseköğretim kurumlarında gerçekleştirilen buluşlar, kamu destekli projelerde ortaya çıkan buluşlar da dâhil olmak üzere tüm buluşçuların düzenlemesi gereken bir formdur.

Buluş bildirim formu, bir örnek olarak, aşağıdakileri içerebilir:

- Buluş sahibi hakkında bilgiler:
- Buluşun konusu:

- Anahtar kelimeler, yani buluşu en iyi şekilde ifade ettiği düşünülen kelime ve kelime öbekleri:
- Buluşun ilgili olduğu teknik alan:
- Önceki teknik hakkında bilgi:
- İlgili buluştan önceki uygulamalarda karşılaşılan sorunlar:
- Buluş ile elde edilen avantajlar:
- Buluşun varsa dezavantajları:
- Buluşa ilişkin ayrıntılı teknik açıklama:
- Teknik resim ve açıklamaya yönelik şemalar:
- Buluşu gerçekleştirmenin yolları:
- Buluşu gerçekleştirmenin en iyi yolu:
- Buluşun sözlü-yazılı açıklaması, tanıtımı ya da uygulaması:
- Buluş birden fazla kişi tarafından yapılmış ise kişiler ve katkı payları:

Tarih / imza

7.3. NOLO Inventor's Notebook, Invention Disclosure

Invention Disclosure

Sheet _____ of _____

Inventor(s): _____
Address(es): _____
Title of Invention: _____

To record Conception, describe: 1. Circumstances of conception, 2. Purposes and advantages of Invention, 3. Description, 4. Sketches, 5. Operation, 6. Ramifications, 7. Possible novel features, and 8. Closest known prior art. To record Building and Testing, describe: 1. Any previous disclosure of conception, 2. Construction, 3. Ramifications, 4. Operation and Tests, and 5. Test results. Include sketches and photos, where possible. Continue on additional identical copies of this sheet if necessary; inventors and witnesses should sign all sheets.

Invented by: _____ Date: _____
Invented by: _____ Date: _____
The above confidential information is witnessed and understood by:
_____ Date: _____
_____ Date: _____

7.4. "NOLO Invention Disclosure" Çevirisi

Buluşun Açıklaması Sayfa ___/___
Buluşçu(lar):..
Adres(ler):..
Buluş Başlığı:..
Kavramı kayda almak için açıklayınız: 1. Kavramın koşulları, 2. Buluşun amaçları ve avantajları, 3. Tarif, 4. Çizimler, 5. İşleyiş, 6. Sonuçları, 7. Olası yeni özellikler ve 8. En yakın önceki teknik. Yapım ve Test edilişi kayda almak için açıklayınız: 1. Herhangi bir önceki kavramın açıklaması, 2. Yapı, 3. Sonuçları, 4. İşleyiş ve Testler ve 5. Test sonuçları. Mümkün olduğunda çizimleri ve fotoğrafları ekleyiniz. Eğer gerekli ise bu belgenin ek orijinal kopyaları üzerinden devam ediniz. Buluşçular ve şahitler bütün belgeleri imzalamalıdır.

....
....

Buluşu Yapan.................... Tarih........................
Buluşu Yapan.................... Tarih........................
Yukarıdaki gizli bilgilere aşağıdaki kişiler tarafından şahitlik edilmiş ve anlaşılmıştır:
.... Tarih........................
.... Tarih........................

7.5. "WIPO Patent Drafting Manual" Örneği [15]

Dünya Fikri Haklar Örgütü WIPO tarafından "IP ASSETS MANAGEMENT SERIES" kapsamında yayınlanan "WIPO Patent Drafting Manuel", patent hazırlığı konusunda çok kapsamlı bilgi içeren bir el kitabıdır. Patent konusunda lisans, yüksek lisans ve uzmanlık eğitimi gibi konular için çok iyi bir kaynaktır. Bu önemli kaynağın Buluş Bildirimi ile ilgili bölümünün İngilizce ve Türkçe örnekleri aşağıda sunulmuştur:

---
15 http://www.wipo.int/edocs/pubdocs/en/patents/867/wipo_pub_867.pdf

7.6. "Invention Disclosure Form" İngilizce Örneği [16]

```
                                                    Confidential
                                                    Disclosure No.:
                                                    Status:

                      INVENTION DISCLOSURE FORM

Name:
Work phone number:
Fax number:

1.  PROPOSED TITLE:


2.  FIELD OF INVENTION
This invention relates primarily to:



3.  BACKGROUND AND RELATED ART
    A.  The technical problem addressed by the invention is as follows:


    B.  The closest related art is described as follows:


    C.  Advantages presented by the invention are as follows:



4.  DRAWING(S)
Drawings for this invention are available/not available. If available, please attach.
Comments about drawings provided:



5.  WRITTEN DESCRIPTION
The invention is described as follows:


NOTE 1: Please attach additional pages as necessary.
NOTE 2: If you have other documents and/or drawings related to the invention, please attach copies to this form.
```

---

16 http://www.wipo.int/edocs/pubdocs/en/patents/867/wipo_pub_867.pdf

6. CONCEPTION OF INVENTION
Date of conception: _____
Date of first written description: _____

7. REDUCTION TO PRACTICE
Has the invention been reduced to practice (does it work)? _____
COMMENTS, if any, on conception of invention and/or first written description:
_____
_____

8. INVENTOR(S) (this section _must_ be completed)
INVENTOR 1: _____
Name: _____
Residence Address: _____
Citizenship: _____

INVENTOR 2: _____
Name: _____
Residence Address: _____
Citizenship: _____
COMMENTS on inventors or inventorship (please note if any of the inventors resides out of the country).
_____
_____

9. DATES OR PRODUCT TESTING AND RELEASE
Alpha Testing: _____
Beta Testing: _____
General release or sale: _____
Offers for sale: _____
COMMENTS on product testing and release:
_____
_____

10. DISCLOSURE OF INVENTION
Has there been any disclosure or use of the invention by the public? When and to whom? Under a non-disclosure agreement?
_____
_____

Please attach a copy of the disclosure.

11. INTERNAL DISCLOSURE(S)
First internal disclosure date: _____
Name of first person to whom invention was disclosed: _____
COMMENTS about first internal disclosure:
_____
_____

12. ARTICLE(S)
Have any articles been published? _____
DETAILS about publication of article(s): _____
Please attach a copy of any published article(s).

13. ADVERTISEMENTS, PRESS RELEASES AND PRODUCT ANNOUNCEMENTS
Any advertisements, press releases or product announcements? _____
DETAILS about any advertisements, press releases and product announcements: _____
Please attach copies of any advertisements, press releases and/or product announcements.

14. OUTSIDE DISCLOSURE(S)
Have there been any disclosures outside the company? _____
Were all outside disclosures under a non-disclosure agreement? _____
DETAILS about any disclosures outside the company: _____
Please attach copies of any information disclosed.

15. TRADE SHOWS AND CONFERENCES
Are there any upcoming trade shows or conferences? _____
DETAILS about upcoming trade shows and/or conferences: _____

ADDITIONAL COMMENTS BY INVENTOR:
_____
_____
_____
_____

Signed: _____ Witnessed and Understood by: _____

Date: _____ Date: _____

7.7. "Invention Disclosure Form" Türkçe Örneği

Gizlidir
Bildirim No: _____

BULUŞ BİLDİRİM FORMU

Ad: _____
İş Telefonu: _____
Faks Numarası: _____

1. ÖNERİLEN BULUŞ BAŞLIĞI
_____
_____

2. BULUŞUN ALANI
Buluş temel olarak _____
_____
_____ ile ilgilidir.

3. ÖNCEKİ VE İLGİLİ TEKNİK

A. Buluş ile değinilen teknik sorun aşağıdaki gibidir:
_____
_____

B. En yakın ilgili teknik aşağıdaki gibidir:
_____
_____

C. Buluş ile sunulan avantajlar aşağıdaki şekildedir:
_____
_____

4. ÇİZİM(LER)
Buluş için çizimler mevcuttur/mevcut değildir. Eğer mevcut ise lütfen ekleyiniz.
Çizimlerle ilgili yorumlar aşağıdadır:
_____
_____

5. YAZILI AÇIKLAMA
Buluş aşağıdaki şekilde açıklanmaktadır:
_____
_____

Not 1: Lütfen gerekliyse ek sayfaları ekleyiniz.
Not 2: Eğer buluş ile ilgili başka dokümanlar ve/veya çizimler varsa lütfen kopyalarını bu forma ekleyiniz.

Buluş Bildirimi | 27

---

6. BULUŞ KAVRAMI

Kavram Tarihi: _____

İlk yazılı açıklama tarihi: _____

7. UYGULAMAYA DÖNÜŞTÜRME

Buluş uygulamaya dönüştürüldü mü (çalışıyor mu?) _____

Eğer varsa buluş kavramı ve/veya ilk yazılı açıklama ile ilgili yorumlar.

_____

_____

8. BULUŞÇU(LAR) (bu kısım doldurulmalıdır)

Buluşçu 1

Ad: _____

İkamet Adresi: _____

Uyruğu: _____

Buluşçu 2

Ad: _____

İkamet Adresi: _____

Uyruğu: _____

Buluşçular ile ilgili yorumlar (eğer buluşçulardan herhangi biri ülke dışında yaşıyorsa lütfen belirtin).

_____

_____

9. ÜRÜN TEST VE SATIŞ TARİHLERİ:

Alfa Test: _____

Beta Test: _____

Genel sürüm veya satış: _____

Satış teklifleri: _____

Ürün test ve satışı ile ilgili yorumlar:

_____

_____

10. BULUŞUN AÇIKLAMASI

Buluş daha önce kamuya açıklandı veya kullanıldı mı? Evet ise, ne zaman ve kime? Açıklama bir gizlilik sözleşmesi ile mi yapıldı?

_____

Lütfen açıklamanın bir kopyasını ekleyiniz.

(*)**Alfa Testi** bir laboratuvar ortamında gerçekleştirilir ve genellikle test ediciler dahili çalışanlardır. Bu tür bir test, yalnızca ürünün geliştirilmesinin bitimine yakın ve beta testinden önce yapıldığı için alfa denir.

Bir ürünün **Beta Testi,** "gerçek ortamda" ürünün uygulamasının "gerçek kullanıcıları" tarafından gerçekleştirilir ve Dış Kullanıcı kabul Testinin bir şekli olarak düşünülebilir. Bir ürünü müşterilere göndermeden önce son testtir. Müşterilerden gelen doğrudan geribildirim, Beta Testinin önemli bir avantajıdır. Bu test, ürünün gerçek zamanlı ortamda test edilmesine yardımcı olur.

11. İÇ AÇIKLAMA(LAR)

İlk İç Açıklama Tarihi: _____

Buluşun Açıklandığı İlk Kişinin Adı: _____

İlk iç açıklama ile İlgili Yorumlar:

_____
_____

12. MAKALE(LER)

Yayınlanan makale var mı? _____

Makalelerin yayını ile ilgili ayrıntılar _____

Lütfen yayınlanan makalelerin bir kopyasını ekleyiniz.

13. İLANLAR, BASIN AÇIKLAMALARI VE ÜRÜN TANITIMLARI

Herhangi bir ilan, basın açıklaması ve ürün tanıtımı var mı? _____

Herhangi bir ilan, basın açıklaması ve ürün tanıtımı ile ilgili ayrıntılar _____

Lütfen yayınlanan makalelerin bir kopyasını ekleyiniz.

14. DIŞ AÇIKLAMA(LAR)

Şirket dışında herhangi bir açıklama yapıldı mı? _____

Bütün dış açıklamalar bir gizlilik sözleşmesi ile mi yapıldı? _____

Şirket dışı açıklamalar ile ilgili ayrıntılar _____

Lütfen, açıklanan herhangi bir bilginin kopyasını ekleyiniz.

15. FUARLAR VE KONFERANSLAR

Herhangi bir yakın tarihte yapılacak fuar veya konferans var mı? _____

Yakın tarihte yapılacak fuarlar ve/veya konferanslar ile ilgili ayrıntılar _____

BULUŞÇUNUN EK YORUMLARI

_____
_____
_____
_____

İmza: _____   Şahitlik eden ve anlayan: _____

Tarih: _____   Tarih: _____

8

Buluşa Patent Verilmesinin Amacı

Buluş yapanların korunmasının amacı, buluş yapanlarla buluş yapmayanlar arasındaki dengenin sağlanması ve buluş faaliyetinin özendirilmesidir. Ancak, buluşu yapan ile toplum arasında da bir denge kurulması gerektiği için, buluşların patent verilerek korunması belirli (patent koruması genellikle 20 yıl koruma sağlar) sürelerle sınırlandırılmıştır. Bu süreler geçtikten sonra buluş toplumun malı olacak ve herkes tarafından serbestçe kullanılabilecektir.

Patent verilmesi felsefesinin temeli, buluş yapan kişiye, buluşunu topluma açıklaması karşılığında, buluşu üzerinde belirli bir süre için "**kişiye özel hak**" tanınmasına dayanır. Bu hak buluş yapana verilen Patent ile tanınır. Uluslararası alanda bu konu için, **münhasır hak** anlamında "**exclusive right**" terimi kullanılmaktadır.

29

9

Başvurunun Yayımlanması ve Geçici Koruma

Patent başvurusu ilgili bültende yayımlandığı tarihten itibaren buluşlara geçici bir koruma sağlanır.

Yayımlandığı tarihten itibaren, patent başvurusu veya faydalı model başvurusu sahibi, buluşa vaki tecavüzlerden dolayı dava açmaya yetkilidir.

Patent başvurusu sahibinin izni olmadan başvuru konusu buluşu kullanan kişi, patent başvurusu ve kapsamından haberdar edilmişse, koruma, başvurunun yayımlandığı tarihten önce de söz konusu olur.

Buluşu izinsiz kullanan kişinin, kötü niyetli olduğuna mahkemece hükmolunursa, yayımdan önce de tecavüzün varlığı kabul edilir.

6769 sayılı Sınai Mülkiyet Kanunu, başvurunun yayınlaması sonrasında, buluşa geçici koruma sağlanacağını, açık bir ifade ve seçenekler belirtilerek, belirlemiştir. Diğer ülkelerde "patent pending" olarak belirtilen bu konuda, yasal düzenleme gerekli hükümleri içermektedir.

- Yayımlanan başvurulara **geçici bir koruma sağlanır.**

- Yayımlanan buluşun sahibi, tecavüz varsa **dava açmaya yetkilidir.**
- Kapsamdan haberdar edilen kişiye karşı **haklar yayımdan önce de ileri sürülebilir.**
- Mahkemece kötü niyetin varlığına karar verilirse, yayımdan önce de **tecavüzün varlığı kabul edilir.**

Yukarıda belirtilen, "geçici bir koruma sağlanır", "dava açmaya yetkilidir", "haklar yayımdan önce de ileri sürülebilir", "tecavüzün varlığı kabul edilir" ifadeleri bu somut olayı netleştirmiştir.

Hak sahipleri bu net ifadelerden sonra ve normal olarak mahkemenin de bu hükümlere paralel kararını, yayımlanan başvurular için de, vermesini bekleyeceklerdir. Ancak, bütün bu hükümlere rağmen, **patent ve faydalı model belgesinin verildiğinin yayınından önce mahkeme karar veremeyecektir.**

6769 sayılı Sınai Mülkiyet Kanunu madde **141/4 de belirtilen** "**yayım**", **faydalı model belgesinin verilmesi kararının yayımı** (143/10) ve **patentin verilmesi kararının yayımı** (99/3 ve 7) olup, **başvurunun yayımlanması kararı değildir.**

SMK İlgili Madde ve Fıkraları:

SMK 141/4: Mahkeme, 99'uncu maddenin üçüncü veya yedinci fıkrası ile 143'üncü maddenin onuncu veya on ikinci fıkrası uyarınca yapılan **yayımdan** önce, öne sürülen iddiaların geçerliliğine ilişkin olarak karar veremez.

SMK 143/10: Kurum yaptığı değerlendirme sonucunda **faydalı model verilmesine karar verirse** bu karar başvuru sahibine bildirilir, karar ve faydalı model Bültende yayımlanır.

SMK 143/12: Kurum yaptığı değerlendirme sonucunda başvurunun ve buna ilişkin buluşun bu Kanun hükümlerine uygun olmadığına karar verirse **başvuru reddedilir**, bu karar başvuru sahibine bildirilir ve Bültende yayımlanır.

SMK 99/7: (3) İtiraz yapılmaması veya itirazın yapılmamış sayılması durumunda, **patentin verilmesi** hakkındaki karar kesinleşir ve nihai karar Bültende yayımlanır.

6769 sayılı Sınai Mülkiyet Kanunu gözden geçirileceği zaman "patent pending" karşılığı hükümler dikkate alınmalıdır.

10

Patent

Patent, sanayi alanında uygulanabilir bir buluşun sahibine ilgili kamu kurumu tarafından verilen belgenin adıdır. Bu belge, patent istemlerinde tanımlanan buluşun kapsamında olmak koşuluyla, söz konusu buluşun kişisel olarak kullanımına ek olarak, başkaları tarafından da kullanımına izin vermek ve izinsiz kullanımları yasal yollara başvurarak engellemek, hakkını verir.

1879 ila 1995 yılları arasında, Türkiye'de 116 yıl değişmeden yaşayan, 23 Mart 1879 tarihli İhtira Beratı Kanunu ile buluşların korunmasına çalışılmıştır. Bu Kanunda kullanılan ihtira terimi buluş, ihtira beratı terimi patent anlamındadır.

Bazı ülkelerde "Patent of Invention" terimi aynı anlamda kullanılmaktadır. Amerika Birleşik Devletleri'nde buluşları korumak için verilen belgenin adı, "Utility Patent" dir. "Design Patent" ve "Plant Patent" terimleri de tasarımları ve bitkileri korumak için bu ülkede verilen belgelerin adıdır. "Ek Patent", "Gizli Patent", "Ürün Patenti", "Usul Patenti" konuları Türkiye'de yasal düzenlemede yer almıştır.

Avrupa Patenti Ofisi (EPO), Amerika Birleşik Devletleri Patent ve

Marka Ofisi (USPTO) ve Japonya Patent Ofisi'nden (JPO) aynı buluş için alınan patent "Triadic Patent" olarak anılır.

10.1. Ek Patent

Patent konusu buluşu geliştiren ve asıl patentin konusu ile bütünlük içinde olan bir buluş için, işlemleri devam eden asıl patent başvurusuna bir veya daha çok ek patent başvurusu yapılabilir.

Ek patent yalnız patent başvurusu aşaması için kabul edilmiştir. Patent verildikten sonra ek patent başvurusu yapılamaz. Ayrıca buluşları koruyan diğer belge olan Faydalı Model başvurularında ek patent uygulaması yoktur.

Ek patent sisteminin, buluş yapanları destekleyen bazı özellikleri vardır:

- Ek patentin başvurudan başlayan koruma süresi, asıl patentin koruma süresi kadardır.
- Ek patentler için yıllık ücret ödenmez.
- Ek patentlerde, yenilik ve sanayiye uygulanabilirlik ölçütleri dikkate alınır. Buluş basamağı ölçütünde, asıl patent başvurusu değerlendirilmez.
- Ek patent başvurusu, başvuru sahibinin isteği ile veya asıl patentin hükümsüzlüğünde, bağımsız bir patent başvurusuna dönüştürülebilir.
- Birden çok ek patent başvurusunun varlığında, asıl patent hükümsüz kaldığı zaman, ilk ek patent asıl patent olarak ve diğer ek patentler asıl olan ilk patentin ekleri sayılır.

10.1.1. Ek Patentin Sanayi İçin Önemi

Hızla değişen ve eskiyen teknoloji dönemi çağımızın özelliklerinden biridir. Bir Ar-Ge faaliyetinde, patent başvurusu yapılabilecek bir buluş oluştuğu zaman, zaman kaybetmeden patent başvurusu yapılabilir.

Ar-Ge faaliyeti devam ederken patent başvurusu yapılan buluşta, yenilik oluşturulacak kadar yeni bir geliştirmenin olması durumunda, yeni bir patent başvurusu yapılabileceği gibi, bir ek patent başvurusu da yapılabilir.

İki başvuru türü arasındaki önemli fark, ek patent başvurusu için buluş basamağı ölçütünün değerlendirilmesinde, asıl patent başvurusunun tekniğin bilinen durumu olarak dikkate alınmamasıdır.

Eğer ek patent başvurusunun işlemleri iki yıldan daha uzun sürerse, üçüncü yıldan başlayacak yıllık ücretlerin, ek patent başvurusunda ve ek patentte olmaması, ek patent seçeneğine avantaj sağlamaktadır.

Yenilik oluşturacak kadar yeni bir geliştirmenin tekrar olması, ikinci bir ek patent başvurusu yapılmasını zorunlu kılabilir. Bu eylem ilk patent başvurusuna patent verilinceye kadar sürebilir.

İlk patent başvurusu ve olası ek patent başvuruları, ilk başvuru tarihinden başlayan 12 aylık rüçhan hakkı süresi içinde gerçekleştiği zaman, ilk başvurunun tarihi dikkate alınarak ve tüm başvurular birleştirilerek, bir diğer ülkeye çoklu rüçhan hakkı olan bir patent başvurusu yapılabilir. Çoklu rüçhan hakkı olan, ekleri birleştirilmiş bir patent başvurusunun Uluslararası Patent Başvurusu (PCT) veya Avrupa Patenti Başvurusu olarak yapılması mümkündür. Bu iki sistemde tanımlanan işlemlere ve sürelere uyularak, Türkiye'ye tek bir patent başvurusu olarak giriş yapmak ve uygunsa patent almak mümkündür. Bu durumda Türkiye'deki önceki asıl patentin ve eklerinin, geri çekilmesi veya patent alınmışsa iptali gerekecektir.

Ek patent konusunda Dünya Fikri Haklar Örgütü WIPO tarafından hazırlanan ve yayınlanan listeden, ülkeler ve uyguladıkları patent türleri konusunda, bilgi alınabilir. [17]

---

17 https://www.wipo.int/export/sites/www/pct/en/texts/pdf/typesprotection.pdf

23 Mart 1879 tarihli İhtira Beratı Kanunu'nu yürürlükten kaldıran 551 sayılı Kanun Hükmünde Kararname, çağdaş hükümlere ek olarak, sanayicilerimizi ve özellikle KOBİ'lerimizi patent almaya özendiren hükümler içermiştir.

Ek Patent Sistemi bu hükümlerden biridir. 551 sayılı Kanun Hükmünde Kararname'de, patent ve patent başvurusuna tanınan ek patent başvurusu hakkı, 6769 sayılı Kanunda yalnız patent başvurularına tanınmıştır. Bir başka değişiklik, buluş basamağı ölçütü açısından gerçekleşmiştir. 551 sayılı Kanun Hükmünde Kararname hükümlerinde, ek patent başvurularının tümünde uygulanmayan tekniğin bilinen durumunun aşılması (buluş basamağı) ölçütü, 6769 sayılı Kanunda yalnız asıl patent başvurusu açısından dikkate alınmaz. Asıl patent başvurusu veya asıl patentin dışındaki patent başvuruları ve verilmiş patentler, buluş basamağı ölçütünde dikkate alınır.

10.2. Gizli Patent

Türk Patent ve Marka Kurumu, buluşun konusunun millî güvenlik açısından önem taşıdığı kanısına varırsa, patent başvurusunu, Millî Savunma Bakanlığına iletir. Başvuru işlemlerinin gizli yürütülmesine üç ay içinde karar verilirse, başvuru gizli patent başvurusu olarak sicile kaydedilir.

Patent başvurusu sahibi, gizli patent başvuru konusu buluşu, yetkisi olmayan kişilere açıklayamaz. Patent başvurusu sahibi, patent başvurusunun gizli tutulduğu sürede, Devletten tazminat isteyebilir. Tazminat miktarında anlaşma sağlanamazsa, tazminat miktarı mahkeme tarafından belirlenir.

Patent başvurusu gizli kaldığı sürece yıllık ücret ödenmez. Bakanlığın talebi üzerine gizlilik kaldırılır ve buluş patent başvurusu olarak işlem görür. Bu durumda yıllık ücret ödemeleri tekrar başlar.

10.3. Ürün ve Usul Patenti

Eğer buluş;

bir ürün ile ilgili ise "ürün patenti – product patent",

bir usul ile ilgili ise "usul patenti – process/method patent" olarak adlandırılır.

1971 yılında Amerika Birleşik Devletleri'nde verilen US 3,630,430 sayılı "Kızarmış Patates Kutusu" patenti, ürün Patenti ve Japonya'da verilen "kurşun kalem üretimi" usul patenti için iyi birer örnektir.

10.3.1. Ürün Patenti Örneği

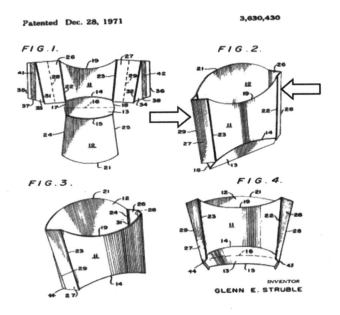

Şekil 2 deki oklar yönünde kutuya bastırıldığı zaman alt yüzey içe doğru hareket ederek kilitlenmekte ve düz bir yüzeyde durabilen kutu (Şekil 3 ve 4) oluşmaktadır.

Patent No.US3630430 [18]

United States Patent [11] 3,630,430

[72]	Inventor	Glenn E. Struble Fairfield, Ohio
[21]	Appl. No.	61,621
[22]	Filed	Aug. 6, 1970
[45]	Patented	Dec. 28, 1971
[73]	Assignee	Diamond International Corporation New York, N.Y.

[54] QUICKLY ERECTED SCOOP-TYPE CARTON
6 Claims, 4 Drawing Figs.

[52] U.S. Cl. .... 229/16 B, 229/1.5 B, 229/41 B, 229/41 D
[51] Int. Cl. B65d 5/36
[50] Field of Search .... 229/21, 1.5 B, 16 R, 41 R, 41 B, 41 C, 41 D; 294/55

[56] References Cited
UNITED STATES PATENTS

904,050	11/1908	Crawford	229/21
1,034,522	8/1912	Shaw	229/1.5 B UX
2,078,038	4/1937	Stephens	229/16 R X
2,337,199	12/1943	Holy	229/16 R
2,385,898	10/1945	Waters	229/1.5 B X

Primary Examiner—Donald F. Norton
Attorney—Karl W. Flocks

ABSTRACT: A box for quick erection in the shape of a scoop made with application of glue in parallel strips parallel to the blank edges and with an arcuate bottom having curved score lines and tapered sides to the box in assembled form.

Bu ürün patentinin özelliği, patent koruması bittiği hâlde 48 yıldır ürünün kullanılmasıdır. B65D 5/36 IPC sınıfında gösterilen bu buluş; WIPO IPC sınıf tablosunda "specially constructed to allow collapsing and re-erecting without disengagement of side or bottom connections [2006.01]" olarak açıklanmıştır. [19]

---

18 https://worldwide.espacenet.com/maximizedOriginalDocument?ND=4&flavour=maximizedPlainPage&locale=en_EP&FT=D&date=19711228&CC=US&NR=3630430A&KC=A

19 https://www.wipo.int/classifications/ipc/en/

10.3.2. Usul Patenti Örneği

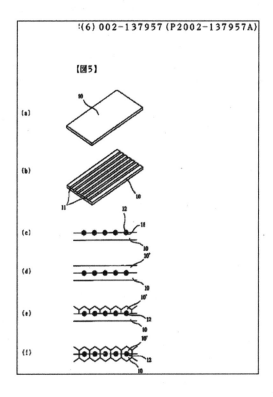

Üzerine kanal açılmış iki düz parçanın kanallarına grafit döküldükten sonra iki parça birleştiriliyor ve daha sonra makinede kesilerek kalemler istenilen şekillerde üretiliyor.

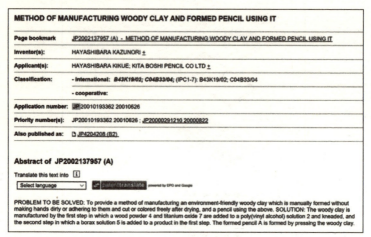

Orijinali Japonca olan bu patent özetinin İngilizce çevirisine, https://worldwide.espacenet.com adresinde Smart search bölümüne JP2002137957 yazılarak ulaşılabilir.

WIPO IPC tablosunda bu patent, B43K 19/02 ve C04B 33/04 sınıflarında gösterilmiştir. B43K 19/02: Pencils with graphite; Coloured pencils [2006.01], C04B 33/04: Clay; Kaolin [2006.01]

Bu patentte iki sınıf olmasının nedeni, kalem üretimi için kullanılan malzemenin kil ve kaolin olmasıdır. Bu yöntemde ahşap kullanılmamıştır. Buluş konusu, aynı zamanda bir başka sınıfa giren, bir kurşun kalemle ilgilidir.

10.3.3. Ürün ve Usul Patentleri Arasındaki Fark

Bir ürün patentinde tecavüzün varlığı hâlinde, patent sahibi tecavüzün varlığına ilişkin kanıt sunmak durumundadır.

Bir usul patentinde tecavüzün varlığı hâlinde, patent sahibi yerine, patente tecavüz ettiği ileri sürülen kişinin, tecavüzün olmadığına ilişkin kanıt sunması gerekir. Bu kural, ispat yükünün tersine çevrilmesi kuralı olarak bilinir.

Patent konusu usulle elde edilen ürün veya madde ile patent sahibinin izni olmadan üretilen aynı her ürün veya maddenin, patent konusu usulle elde edildiği kabul edilir. Bu durumda, patent hakkına tecavüz ettiği ileri sürülen kişinin başka bir usulle ürettiğini kanıtlaması gerekir.

10.4. Bağımlı Patent

Patent konusu buluşun, önceki patentin sağladığı haklara tecavüz edilmeksizin kullanılmasının mümkün olmaması hâlinde verilen patent bağımlı patent olarak adlandırılır.

Patent konuları arasında bağımlılık söz konusu olduğu zaman, sonraki tarihli patentin sahibi önceki tarihli patent konusu buluşu, sahibinin izni olmadan kullanamaz.

Önceki patent sahibinin, sonraki patentin sahibine izin vermemesi durumunda, sonraki patentin sahibi mahkemeden zorunlu lisans talep edebilir. (Bakınız: Zorunlu Lisans)

10.5. Triadic Patent

Avrupa Patenti Ofisi, Amerika Birleşik Devletleri Patent ve Marka Ofisi ve Japon Patent Ofisi'nde aynı buluşa, aynı başvuran veya buluşçu tarafından patent alınması **TRIADIC PATENT** olarak adlandırılır.

Türkiye'de üçlü patent konusunda fazla bilgi bulunmamaktadır. Aşağıda belirtilen kaynaktan edilen bilgiye göre Türkiye'nin üçlü patent sayısı 25 adettir. [http://www.physics.metu.edu.tr/~serhat/Triadic_Patents.html]

Türkiye'den triadic patent alan üç önemli konunun, buluş sahipleri, buluş başlığı, patent başvuru tarihi ve patent numarası, aşağıda bilgi için sunulmuştur:

10.5.1 Triadic Patent Alan Üç Örnek

1) Prof. Dr. Ali Doğan Bozdağ

Video Anaskop

Türkiye	11.04.2006	TR 2008 05737
EPO	17.03.2008	2004035
JP	14.04.2008	5329232
ABD	30.06.2008	8430814

2) Prof. Dr. Nesrin Özören ve Ali Can Sahillioğlu
Bir Antijen Gönderim Yöntemi ("Dayanıklı Aşı Taşıyıcı Protein Mikrokürecik Teknolojisi")

Türkiye	24/04/2012	TR 2012/04773 B
EPO	21/10/2014	2841110
JP	23/10/2014	6026645
ABD	23/10/2014	9725491

3) Prof. Dr. Ayşe Erdem Şenatalar ve Prof. Dr. Melkon Tatlıer
Bir Zeolit Kaplaması Hazırlama Düzeneği ve Çalışma Yöntemi

Türkiye	01/06/2016	TR 2016 07359 T4
EPO	26/08/2014	2820170
JP	27/08/2014	6019141
ABD	28/08/2014	9180429

10.6. Üniter Patent Koruması (Unitary Patent Protection – UPP)

Üniter patent koruması, Avrupa Birliği ülkelerinin katıldığı, bir patent sistemidir. Unified Patent Court (Birleşik Patent Mahkemesi) ile birlikte yürürlüğe girecektir. [20]

Üniter bir patentin, Avrupa Patenti Ofisi tarafından geçerli kabul edilmesi için başvuru sahibinin önce Avrupa Patentini alması zorunluluktur. Bu nedenle, üniter patent için önce bir Avrupa Patenti başvurusu ve Avrupa Patenti Sözleşmesi kapsamındaki tüm işlemler yapılmalıdır.

Bir Avrupa Patenti verildikten sonra, patent sahibinin bir Üniter Patent almak için, Avrupa Patenti Ofisi'ne, bir "Üniter Etki Talebi" sunması gerekir. Talep, Avrupa Patenti Bülteni'nde Avrupa Patenti'nin verildiğinin yayınlandığı tarihten başlayan en geç bir ay içinde yapılmalıdır. Zamanında yapılan talepten sonra, 26 Avrupa Birliği ülkesinde tek tip patent koruması sağlayan Üniter Patent düzenlenecektir. Benzer uygulama Avrupa Birliği Markası ve Topluluk Tasarımı olarak uygulanmaktadır.

---
20 http://www.epo.org/news-issues/issues/unitary-patent.html

11

Faydalı Model Belgesi

Buluşları korumak için verilen bir başka belge de faydalı model belgesidir. Faydalı model belgesi ile patent arasındaki başlıca farklar yenilik ölçütü, koruma süresi ve değerlendirme şekli olarak özetlenebilir.

Kimyasal ve biyolojik maddelere veya kimyasal ve biyolojik usullere veya bu usuller sonucu elde edilen ürünlere ilişkin buluşlara, eczacılıkla ilgili maddelere veya eczacılıkla ilgili usullere veya bu usuller sonucu elde edilen ürünlere ilişkin buluşlara, biyoteknolojik buluşlara, usuller veya bu usuller sonucu elde edilen ürünlere ilişkin buluşlara faydalı model belgesi verilmez. (6769 SMK madde 142)

Faydalı model sisteminde, patent verilebilirlik ölçütlerinden üçüncüsü olan ve "buluş basamağı-inventive step" olarak adlandırılan ölçüt yoktur. Bu sistemde yalnız araştırma raporu düzenlenir ve değerlendirilir.

Yayınlanan araştırma raporunun içeriğine başvuru sahibi itiraz edebilir ve üçüncü kişiler yalnız görüş bildirebilir. Araştırma raporu ve varsa itirazlar ve görüşler ilgili kurumda değerlendirilir. Değerlendirme sonucu olumlu ise, faydalı model belgesi, başvuru tarihinden başlayan, 10 yıl için verilir. (6769 SMK madde 143)

11.1. Patente İlişkin Hükümlerin Faydalı Modele Uygulanması

Faydalı modele ilişkin açık bir hüküm bulunmadığı ve faydalı modelin özelliği ile çelişmediği takdirde 6769 sayılı Kanunda patentler için öngörülen hükümler, faydalı modeller için de uygulanır.

"Faydalı modelin özelliği ile çelişmediği takdirde" ifadesinin anlamı, faydalı model belgesi ile sağlanan korumada, patent korumasından farklılıklar bulunmasıdır.

Faydalı modelin özellikleri:

- Koruma süresi 10 yıldır.
- Buluş basamağı ölçütü yoktur.
- İnceleme raporu düzenlenmez.
- Usullere ve kimyasal maddelere faydalı model belgesi verilmez.
- Ek patent gibi ek faydalı model başvurusu yoktur.
- Zorunlu lisans sistemi uygulanmaz.
- Üçüncü kişiler yalnız görüş bildirebilir, belge verildikten sonra Kurum nezdinde itiraz edilemez.

11.2. Patent Başvurusu ve Faydalı Model Başvurusu Arasında Dönüşüm

Patent başvurusu faydalı model başvurusuna ve faydalı model başvurusu patent başvurusuna dönüştürülebilir.

Patent başvurusundan faydalı model başvurusuna veya faydalı model başvurusundan patent başvurusuna dönüştürülmüş başvurular için yeniden dönüştürme yapılamaz.

11.3. Patent Başvurusundan Dönüşüm

Patent başvurusu sahibi, işlemleri devam eden başvurunun faydalı model başvurusuna dönüştürülmesini talep edebilir. Bu başvuru, en geç işlemleri devam eden patent başvurusu için 103'üncü maddenin ikinci fıkrası uyarınca yapılan son bildirime cevap verme süresi olan üç aylık sürenin bitimine kadar yapılmalıdır.

SMK 103 (2): Patente itiraz edilmişse Kurum tarafından itiraza ilişkin nihai karar verilinceye kadar patentin sağladığı korumanın kapsamını aşmamak şartıyla patent, patent sahibi tarafından değiştirilebilir.

Patent ve faydalı model belgesi verilmesi için gerekli ölçütlerden ve patent verilmesi için gerekli olan "buluş basamağı" ölçütü, faydalı model sisteminde yoktur. Bu nedenle, bir patent başvurusu için düzenlenen araştırma veya inceleme raporunda, yalnız buluş basamağı içermediğine ilişkin dokümanlar belirtilmiş ise, patent başvurusu sahibi, başvurunun faydalı model başvurusuna dönüştürülmesini isteyebilir. Burada önemli olan, araştırma ve inceleme raporlarında yenilik ve sanayiye uygulanabilirlik ölçütleri konusunda bir olumsuz kararın bulunmamasıdır. Patentten faydalı model başvurusuna dönüşüm işlemlerinde, yeniden araştırma raporu düzenlenmesi Türk Patent tarafından istenilmektedir.

11.3.1. Dönüşümde Araştırma Raporundaki Dönüşü Etkileyen Ayrıntı

Patent başvurusu sahipleri, patent başvurusu yaparken, araştırma raporu sonuçlarına göre hareket ederek, araştırma raporu sonucunun faydalı model başvurusuna dönüşüme uygun olması hâlinde faydalı model belgesi ile 10 yıllık bir korumayı yeterli bulabilmektedir.

İki başvuru sistemi arasında farklılığı oluşturan "buluş basamağı" ölçütü raporda açıkça belirtilmediği zaman sorun oluşmaktadır.

Kategori (X) açısından rapor düzenlenirken, sonucun, buluşun yeni veya buluş basamağı ölçütlerinden hangisi için uygun olmadığı belirtilmelidir.

Uluslararası ve Avrupa Patenti başvuruları için düzenlenen araştırma raporlarında verilen kararın ayrıntıları "buluşun yeni olduğu veya bir buluş basamağı içerdiği kabul edilemez" tanımına göre, yazılmaktadır.

11.4. Faydalı Model Başvurusundan Dönüşüm

Faydalı model başvurusu sahibi, en geç araştırma raporunun bildirim tarihini takip eden üç aylık sürenin bitimine kadar faydalı model başvurusunun patent başvurusuna dönüştürülmesini talep edebilir.

Faydalı model başvurusu için düzenlenen araştırma raporunda, en yakın dokümanlar arasında buluşun yeniliğini ve sanayiye uygulanabilirliği etkileyecek dokümanlar belirtilmemiş ise veya belirtilen dokümanların, buluş basamağı ölçütü açısından bir engel oluşturmayacağı kanısı oluşursa, faydalı model başvurusunun patent başvurusuna dönüştürülmesi istenebilir.

Dönüştürme isteğinde dikkat edilmesi gereken konu, tekrar faydalı model başvurusuna dönüşüm yapılamayacağıdır.

12

Ticaret Sırları – Açıklanmamış Bilgiler

İşletmelerin en önemli varlıkları arasında sayılabilecek bir önemli konu, deneyimle kazanılan bilgi birikimleridir. Genel olarak "Ticaret Sırları" veya "Açıklanmamış Bilgiler" veya "Gizli Bilgiler" olarak adlandırılan bu konu, işletmelerin verimliliğini etkilemektedir. Bu tür bilgiler, buluşlar kadar önemli olup, özel sözleşmeler ve gizli reçeteler hâlinde pazarlanmakta, işletmelerin rekabet gücünü doğrudan etkilemektedir.

Türkiye'de ticaret sırları ile ilgili özel bir yasal düzenleme bulunmamasına rağmen, ticaret sırlarının korunması, Türk Ticaret Kanunu gibi genel hükümler çerçevesinde sağlanmakta ve gerektiğinde ceza davaları kapsamında da yorumlanmaktadır.

Türk Ticaret Kanunu'nun Haksız Rekabet ile ilgili hükümleri arasında, 55'inci maddede, dürüstlük kurallarına aykırı hareketler açıklanırken, ticaret sırları da belirtilmiştir:

"1/b/3. İşçileri, vekilleri veya diğer yardımcı kişileri, işverenlerinin *veya müvekkillerinin üretim ve iş sırlarını ifşa etmeye veya ele geçirmeye yöneltmek"*

"1/d) Üretim ve iş sırlarını hukuka aykırı olarak ifşa etmek; özellikle, gizlice ve izinsiz olarak ele geçirdiği veya başkaca hukuka aykırı bir şekilde öğrendiği bilgileri ve üretenin iş sırlarını değerlendiren veya başkalarına bildiren dürüstlüğe aykırı davranmış olur."

Ticaret sırlarının korunması, ticaret sırları sahibinin haksız rekabette bulunana karşı yöneltebileceği davalarla sağlanabilmektedir.

Ticaret sırları, Türk hukukunda bazı koşullar altında haksız fiillere ilişkin hükümlerle de korunabilmektedir. 11.01.2011 tarih ve 6098 sayılı Türk Borçlar Kanunu'nun, 49'uncu maddesi şu şekildedir:

"Kusurlu ve hukuka aykırı bir fiille başkasına zarar veren, bu zararı gidermekle yükümlüdür. Zarar verici fiili yasaklayan bir hukuk kuralı bulunmasa bile, ahlaka aykırı bir fiille başkasına kasten zarar veren de, bu zararı gidermekle yükümlüdür"

İşçiyle işveren arasında yapılacak hizmet sözleşmesine, ticaret sırlarının kullanılmasını veya açıklanmasını yasaklayan veya sınırlayan hükümler konulabilir.

Bir üründen veya yöntemden en verimli ve kolay biçimde yararlanabilmek için oluşturulan o konudaki deneyime ve uygulamaya dayalı, genellikle gizli olmakla birlikte böyle bir nitelik taşıması zorunlu olmayan ve açıklanmadığı için bir patent ile korunmayan, teknik bilgi birikimi olarak belirtilen Ticaret Sırları önemli bir hak konusunu oluşturur. [21]

Dünya Ticaret Örgütü (WTO) TRIPS metni bu konuyu "açıklanmamış bilgilerin korunması" başlığı altında Bölüm 7'de vermektedir. Madde 39'da Paris Sözleşmesi 10bis maddesindeki "Haksız Rekabetin Korunması" kaynak gösterilmektedir. [22]

---

21 OSLO Kılavuzu:
   http://www.tubitak.gov.tr/tubitak_content_files/BTYPD/kilavuzlar/Oslo_3_TR.pdf
22 http://www.wto.org/english/docs_e/legal_e/27-trips_04d_e.htm#7

12.1. Patent ve Ticaret Sırları Arasındaki Fark

Patent olayında kişiler geliştirdikleri buluşu topluma açıklamalarının karşılığında kendilerine verilen patent ile korunurken, ticaret sırlarında bilgi gizli kaldığı sürece korunur. Uluslararası üne sahip bir içeceğin formülü bu konuya örnek olarak verilebilir. Uzun yıllardır üretilen ve günümüze kadar nasıl üretildiği gizli tutulabilen bu içecek, üreticisinin gizli tutabilmek konusundaki başarısı için iyi bir örnektir. Bu içeceğin üreticileri patent almayı tercih etselerdi, üretim yöntemini açıklamak zorunda kalacaklardı ve koruma süresi dolduktan sonra, benzeri içeceği herkes serbestçe üretip başka markalarla satabilecekti. Ticaret sırları kapsamındaki bu korumanın başarılmasında, uygulanan iş yapış yönteminin (doing business method) de etkili olduğu söylenebilir.

Bir buluş yapıldığı zaman, ticaret sırrı veya patent koruması konusuna karar vermek zordur. Üretilecek üründen geriye mühendislik ile anlaşılamayan konularda ticaret sırrı tercih edilebilir. Ancak aynı teknik alanda araştırma yapanların aynı veya benzer sonuçları elde edebilecekleri de düşünülmelidir. Ticaret sırrı olarak gizli tutulan bir buluş için, aynı veya çok yakın sonuçları elde eden bir kişi tarafından patent başvurusu yapılarak buluşun açıklanması durumunda, sorun yaşanabilir.

Ticaret sırları, (a) kamu tarafından bilinmeyen, (b) kamu tarafından bilinmiyorsa daha değerli olan ve (c) gizliliği sürdürmek için makul çaba gerektiren bilgidir. Bu makul çabalara çalışanlarla ve iş ortaklarıyla yapılan gizlilik sözleşmeleri ve sanayi casusluğunu önlemeye yönelik çabalar örnek olarak verilebilir. [23]

---

23 http://www.aic.lv/rp/Latv/PROT/20091113/IPR_Teaching_kit/patent_teaching_kit_en.pdf

13

Bilgisayar Programları

5846 sayılı Fikir ve Sanat Eserleri Kanunu'nda, bilim ve edebiyat eserleri arasında belirtilen bilgisayar programları *"Bir bilgisayar sisteminin özel bir işlem veya görev yapmasını sağlayacak bir şekilde düzene konulmuş bilgisayar emir dizgesini ve bu emir dizgesinin oluşum ve gelişimini sağlayacak hazırlık çalışmaları"* olarak tanımlanmıştır. Aynı Kanunda "Bir bilgisayar programını uyarlamak, düzenlemek, değiştirmek" işlenme eser kabul edilmiştir.

Bilgisayar programlarının edebiyat eserleri kapsamında olduğu kabul edilmiş, teknik özellik içermedikleri ve sanayiye uygulanabilirlik ölçütünü taşımadıkları gerekçeleriyle "buluş ve patent" konusu dışında kalmıştır.

Gerek 6769 sayılı Sınai Mülkiyet Kanunu'nda ve gerekse Avrupa Patenti Sözleşmesi'nde, bilgisayar programları, patent verilemeyecek konular ve buluşlar arasında belirtilmiştir.

Amerika Birleşik Devletlerinde ve Avrupa Patenti Sistemi'nde bilgisayar programlarına, bazı özel durumlarda, patent verildiği bilinmektedir. Ancak patent başvurusunun genellikle "An apparatus for …"

olarak sunulduğu da görülmüştür. Bunun anlamı, "... için bir cihaz" konusunda patent talep edilmektedir.

US 2001/0011244 A1 sayılı Amerika Birleşik Devletleri patent başvurusu örneğinde, "Pamuk Alışveriş Forumu" başlığı ile açıklanan bir buluş, patent başvurusunda "Bu buluş, ham pamuk ticaretini kolaylaştıran yeni bir veri işleme aparatı ile ilgilidir" olarak sunulmuştur. (This invention relates to novel data processing apparatus which facilitates the trading of raw cotton) [24]

Avrupa Patenti Sistemi'nde ve bu sisteme üye olan Türkiye'de bilgisayar programları bir donanım ile sunularak, donanım ile birlikte patent verilebilirlik ölçütlerini karşılıyorsa, patent korumasından yararlanabilmektedir.

Avrupa Patenti Ofisi, bir bilgisayar ekranında bir pencere açıldıktan sonra yeni açılan pencerelerin bir önceki pencereler ile çakışmamasını sağlayan bilgisayar programını önce buluş olmadığı gerekçesiyle patent verilemez kabul etmiş, ancak Genişletilmiş Temyiz Kurulu patent verilmesine karar vermiştir.

"*T 0935/97-3.5.1: başvuru ve istem, bilgisayar ekranında açık bir çalışma penceresinin üzerine açılan ve arkada kalan penceredeki bilginin görülmesini engelleyen ikinci bir pencereyi incelemektedir. Bu çerçevede buluş, pencerelerin üst üste açılması sırasında alt pencerede kalan ve görülmesi engellenen bilginin, üste pencere açıldıktan sonra, altta kalan pencerenin üst pencere tarafından bloke edilmeyen bir alanına kaydırılarak görülmesini sağlamaktadır. T 0935/97 sayılı başvuruda yer alan ve yöntem ve araç gereçler ile ilgili 1 - 6 sayılı istemler, Avrupa Patenti Sözleşmesi şartlarına uyması, özellikle de yenilik ve buluş basamağı kriterlerini tam olarak karşılaması nedeniyle kabul edilmiştir*" [25]

---

24 http://v3.espacenet.com/publicationDetails/biblio?KC=A1&date=20010802&N-R=2001011244A1&DB=EPODOC&locale=en_EP&CC=US&FT=D
25 https://www.epo.org/law-practice/case-law-appeals/recent/t970935eu1.html

13.1. Eser Koruması ile Patent Koruması Arasındaki Fark

Eser koruması, programın izinsiz çoğaltılması, yayımı, topluma sunulması, işlenmesi, kamuya iletimi konularında münhasır bir hak sağlar. Program sahipleri, programı kullanmak isteyenlere, programın belirlenen sayıda kullanımı için izin verir. Bu özgün ürünün izinsiz kullanımları, 5846 sayılı Fikir ve Sanat Eserleri Kanunu hükümlerine göre önlenebilir. Patent ile korumada ise, patent tarifnamesinde açıklanan ve istemlerinde kapsamı belirlenen buluşun izinsiz kullanılmasında münhasır hak söz konusudur. Patent sahibi, patent metninde açıklanan buluşa ilişkin usul veya ürün için lisans (kullanım izni) verebilir. Burada eserlerde olduğu gibi üretilmiş özgün bir ürün henüz oluşmamış olabilir. Patent metnine göre lisans alan usulü kullanır veya ürünü üretir. Patent konusu buluşun izinsiz kullanımı, ilgili yasal düzenleme (6769 sayılı SMK) hükümlerine göre önlenebilir.

14
Rüçhan Hakkı

Türkiye'de alınan bir patent veya faydalı model belgesi ile sağlanan koruma, doğal olarak, Türkiye Cumhuriyeti sınırları içinde geçerlidir.

Söz konusu buluşun diğer ülkelerde de korunması istenilirse, korunması düşünülen ülkelerde de patent veya faydalı model başvurusu yapılması gerekmektedir.

Faydalı model koruması olmayan ülkelerde, Türkiye'de yapılan faydalı model başvurusunun rüçhan hakkı ile bir patent başvurusu yapılabilir. Benzer şekilde, Türkiye'de yapılan bir patent başvurusunun rüçhan hakkı ile, faydalı model koruması olan ülkelere, bir faydalı model başvurusu yapılabilir.

Dünya Fikri Haklar Örgütü WIPO faydalı model koruması olan ülkelerin listesi yer almaktadır. [26]

Diğer ülkelere başvuru yapılması için, Türkiye'de yapılan başvurunun tarihinden başlayan 12 aylık bir süre söz konusudur. [27] Türkiye'deki başvuru tarihinden başlayan 12 ay içinde, Paris Sözleşmesi'ne veya TRIPS Anlaşması'na üye diğer ülkelere de başvuru

26 http://www.wipo.int/sme/en/ip_business/utility_models/where.htm
27 Not: Buluşlarda 12 ay olan bu süre, marka ve tasarım başvurularında 6 aydır. Genellikle karıştırılan ve hak kayıplarına yol açan bu konuya dikkat edilmelidir.

53

yapılması ve bu başvuru sırasında Rüçhan Hakkı (Priority) talep edilmesi hâlinde, Türkiye'deki başvuru tarihi ile diğer ülkelere yapılan başvuru tarihi arasında, üçüncü kişilerin aynı buluş için yapacakları başvurular ve alacakları patentler hükümsüz sayılacaktır.

Rüçhan hakkı süresinin bir başka yararı da 12 aylık sürede diğer ülkeye başvuru yapılmadan önce buluşun açıklanması veya uygulanması durumunda bu açıklama ve uygulamanın buluşun yeniliğini etkilememesidir. Türkiye'ye yapılan bir patent veya faydalı model başvurusu için, bir başka ülkeye patent veya faydalı model başvurusu, 12 aylık rüçhan hakkı süresi içinde yapılacağı zaman veya yapıldıktan sonra, Türk Patent ve Marka Kurumu'ndan Rüçhan Hakkı Belgesi alınması ve ilgili ülkeye gönderilmesi gerekecektir.

Bu belge, Türkiye'de …… tarihinde …… sayıyla bir başvuru yapıldığını ve belge ekindeki tarifname, istem ve resimlerin bu başvuruya ait olduğunu kanıtlar.

15

Patent Verilemeyecek Konular ve Buluşlar

6769 sayılı Sınai Mülkiyet Kanunu, bazı konulara, buluş niteliğinde olmadıkları ve bazı buluşlara patent verilmeyeceği için, patent koruması dışında bırakmıştır.

15.1. Patent Verilmeyecek Konular

Aşağıda belirtilenler buluş niteliğinde sayılmaz:

"Keşifler, bilimsel teoriler ve matematiksel yöntemler, zihni faaliyetler, iş faaliyetleri veya oyunlara ilişkin plan, kural ve yöntemler, bilgisayar programları, estetik niteliği bulunan mahsuller, edebiyat ve sanat eserleri ile bilim eserleri, bilginin sunumu" buluş niteliğinde sayılmayanlar olarak kabul edilmiştir.

15.2. Patent Verilmeyecek Buluşlar

Aşağıda belirtilenler buluş niteliğinde oldukları hâlde, patent verilmez: "Kamu düzenine veya genel ahlaka aykırı olan buluşlar, mikrobiyolojik işlemler veya bu işlemler sonucu elde edilen ürünler hariç olmak üzere, bitki çeşitleri veya hayvan ırkları ile bitki veya hayvan üretimine yönelik esas olarak biyolojik işlemler, insan veya hayvan vücuduna uygulanacak teşhis yöntemleri ile cerrahi yöntemler dâhil tüm tedavi yöntemleri, oluşumunun ve gelişiminin çeşitli aşamalarında insan bedeni ve bir gen dizisi veya kısmi gen dizisi de dâhil olmak üzere insan bedeninin öğelerinden birinin sadece keşfi, insan klonlama işlemleri, insan eşey hattının genetik kimliğini değiştirme işlemleri, insan embriyosunun sınai ya da ticari amaçlarla kullanılması, insan ya da hayvanlara önemli bir tıbbi fayda sağlamaksızın hayvanlara acı çektirebilecek genetik kimlik değiştirme işlemleri ve bu işlemler sonucu elde edilen hayvanlar".

16

Buluşa Patent veya Faydalı Model Belgesi Verilmesini Etkilemeyen Açıklamalar (Hoşgörü Süresi – Grace Period)

Patent başvurusunun yapıldığı tarihten önceki on iki aylık sürede buluşun açıklanması, "buluşa patent veya faydalı model belgesi verilmesini etkilemeyen açıklamalar" olarak adlandırılmaktadır.

6769 sayılı SMK Madde 84 "Buluşa patent veya faydalı model verilmesini etkilemeyen açıklamalar" kapsamında bu konu açıklanmıştır:

Buluşa patent veya faydalı model verilmesini etkileyecek nitelikte olmakla birlikte, başvuru tarihinden önceki on iki ay içinde veya rüçhan hakkı talep edilmişse, rüçhan hakkı tarihinden önceki on iki ay içinde ve aşağıda sayılan durumlarda açıklamanın yapılmış olması, buluşa patent veya faydalı model verilmesini etkilemez:

Açıklamanın buluşu yapan tarafından yapılması,

Açıklamanın patent başvurusu yapılan bir kurum tarafından yapılması ve bu kurum tarafından açıklanan bilginin;

Buluşu yapanın başka bir başvurusunda yer alması ve söz konusu başvurunun ilgili kurum tarafından açıklanmaması gerektiği hâlde açıklanması,

Buluşu yapandan doğrudan doğruya veya dolaylı olarak bilgiyi edinmiş olan üçüncü bir kişi tarafından, buluşu yapanın bilgisi veya izni olmadan yapılan başvuruda yer alması,

Açıklamanın buluşu yapandan doğrudan doğruya veya dolaylı olarak bilgi elde eden üçüncü kişi tarafından yapılması.

Dünya Fikri Haklar Örgütü WIPO tarafından yayımlanan açıklamada, "grace period" süresini uygulayan bazı ülkelerin listesi ile uygulamaları hakkında bilgi verilmektedir. [28]

Eylül 2011 ayında Amerika Birleşik Devletleri'nde kabul edilen Leahy-Smith America Invents Act'da (AIA) önceki teknik olarak kabul edilmeyecek açıklamalar konusuna, "Prior Art Exception Under AIA" başlığı ile yapılan yayında yer verilmiştir. [29]

Not: AIA 35 USC 102 (a) (1) uyarınca önceki teknik olarak nitelendirilebilecek bir açıklama, yapılan başvuru tarihinden bir yıl veya daha kısa bir süre önce yapıldıysa ve kanıtlar açıklamanın buluşçu veya müşterek buluşçu tarafından yapıldığını gösterirse, Ofis personeli tarafından önceki teknik olarak kabul edilmeyecektir.

Avrupa Patenti sistemi ve Avrupa ülkelerinde bu kural farklı yorumlanmıştır. Hoşgörü süresi başvurudan önceki 6 ay içinde, başvuru sahibine karşı açık bir suiistimal sonucu (EPC Art 55/1-a) üçüncü kişiler tarafından açıklama yapılmış ise, buluşun yeniliği etkilenmez.

Avrupa Patenti Sözleşmesi'nin 55'inci maddesinde açıklanan bir

---

28 https://www.wipo.int/export/sites/www/scp/en/national_laws/grace_period.pdf
29 https://www.uspto.gov/web/offices/pac/mpep/s2153.html

istisna kuralı da buluşun sergilenmesidir. Başvuru sahibi tarafından buluşun uluslararası nitelikli bir sergide sergilenmesi ve bunun kanıtlanması durumunda, buluşun açıklanması yeniliği etkilemez. Söz konusu istisnanın uygulanması için, buluşun, Paris Uluslararası Sergiler Sözleşmesinde belirtilen koşullarda sergilenmesi gerekmektedir. [30] [31]

---

30 EPC Art. 55: Başvuran veya onun hukuki selefinin, buluşu, resmî veya resmen tanınan uluslararası bir sergide Paris'te 22 Kasım 1928 tarihinde imzalanmış ve 30 Kasım 1972 tarihinde değişikliğe uğramış Uluslararası Sergiler Sözleşmesinde belirtilen koşullar altında teşhir etmesi.

31 https://www.bie-paris.org/site/en/about-the-bie/the-1928-paris-convention

17

Patent Verilebilirlik Ölçütleri

17.1. Türkiye'de Ölçütler

Buluşun patentle korunabilmesi için aşağıdaki ölçütler gereklidir:

- **yeni olması** (başvurudan önce yayınlanmamış veya kamuya açıklanmamış olması),
- **bir buluş basamağını içermesi** (buluşun ait olduğu teknik alanda uzman bir kişinin bilgisi dâhilinde olmaması) ve
- **sanayiye uygulanabilir olması** (birden çok üretilebilir olması).

Yukarıdaki ölçütleri karşılamayan buluş iddialarına patent verilmeyecektir.

17.1.1. Yenilik ve Tekniğin Bilinen Durumu

Buluş iddiasına patent verilmesi için ölçüt olan yeniliğin tanımı için, tekniğin bilinen durumu konusuna açıklık getirilmiştir. **Tekniğin bilinen durumuna dâhil olmayan buluşun yeni olduğu kabul edilir.**

Tekniğin bilinen durumu

Tekniğin bilinen durumu, başvuru tarihinden önce dünyanın herhangi bir yerinde, yazılı veya sözlü tanıtım yoluyla ortaya konulmuş veya kullanım veya başka herhangi bir biçimde açıklanmış olan **toplumca erişilebilir her şeyi kapsar.**

Patent başvurusu tarihinden önceki teknik içinde ve tüm ulaşılabilir verilerde buluş konusu yer almıyorsa, bu buluşun yeni olduğu kabul edilir.

Eğer tekniğin bilinen durumu içinde buluş konusu yer alıyorsa, bu dokümanların mutlaka belirtilmesi ve kopyalarının araştırma raporuna eklenmesi gerekir.

Buluşun yeniliğine karar verilmesi için, önemli bir özellik "**toplumca erişilebilir**" olmaktır. Toplumca erişilebilir olmayan dokümanlar yeniliği etkileyen doküman olarak ileri sürülemez.

Bu konuda yaşanan olaylara bir örnek verilebilir. Bir Avrupa Patenti başvurusu yapılmadan önce, buluşu yapan serbest buluşunu bir arkadaşına ayrıntılı olarak açıklamıştır. Patent yayımlandıktan sonra, buluşçunun arkadaşı, buluş önceden açıklandığı gerekçesiyle patentin verilmesine itiraz etmiştir. Yapılan itiraz, toplumca erişilebilir bir açıklama olmadığı gerekçesiyle kabul edilmemiştir.

Gizlilik sözleşmesi kapsamında bazı kişilere yapılan açıklamalar da aynı kapsamda değerlendirilir.

17.1.2. Buluş Basamağı

Buluşun, ilgili olduğu teknik alandaki bir uzman tarafından, tekniğin bilinen durumundan aşikâr bir şekilde çıkarılamayan bir faaliyet sonucu gerçekleşmiş olması, bir **buluş basamağı** içermek kavramı ile açıklanır.

Buluş basamağı için bir örnek:

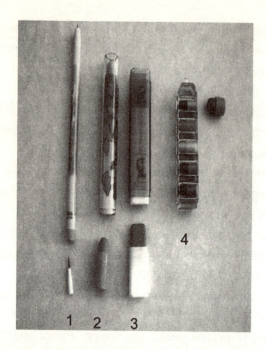

İkinci ve üçüncü sıradaki silgilerin **uçları** değişebilmektedir. Patent başvurusu için sorgu yapıldığında; bu tür silgiler var mıdır? Hayır. Bu silgiler birden çok üretilebilir mi? Evet. Yanıtlar Hayır ve Evet olduğu hâlde, birinci sıradaki kalem ile dördüncü sıradaki silgi birlikte değerlendiği ve ikinci ve üçüncü sıralardaki silgiler ile birleştirildiğinde, bu kalem ve silgilerdeki teknik özellik burada kolayca uygulanabileceği için, "buluş basamağı" yoktur ve patent verilemez denilebilir.

17.1.3. Sanayiye Uygulanabilirlik

Sanayiye uygulanabilirlik, buluşun sanayide üretilebilir veya kullanılabilir (tekrar edilebilir) nitelikte olması anlamındadır.

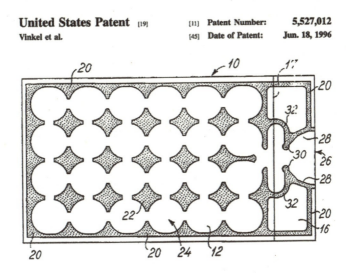

Plastik kaba su doldurulduktan sonra, ağız kısmı bağlanıp dondurucuya konulduğunda su donarak küçük buz kalıpları oluşmaktadır. Bir kez kullanabilen bu örnek, patent almıştır ve sanayiye uygulanabilir bir buluş örneğidir.

17.2. Avrupa Patentinde Ölçütler

Avrupa Patenti İnceleme Kılavuzu'ndaki [32] açıklamalara göre, her şeyden önce bir **buluş** olmalı, daha sonra **bu buluş, patent verilebilmesi için gerekli** ölçütleri karşılamalıdır. **Eğer bir buluş söz konusu değilse**, patent verilebilirlik ölçütlerinin varlığı araştırılmayacaktır.

Chapter I – Patentability

1. Patentability requirements

There are **four basic requirements** for patentability: Art. 52(1)

(i) there must be an "**invention**", belonging to any field of technology

---
32 https://www.epo.org/law-practice/legal-texts/guidelines.html

(ii) the invention must be "**susceptible of industrial application**"

(iii) the invention must be "**new**"; and

(iv) the invention must involve an "**inventive step**"

17.3. Genel Olarak Patent Verilebilirlik Ölçütleri

6769 sayılı Sınai Mülkiyet Kanunu'nda **üç** ve Avrupa Patenti İnceleme Kılavuzu'nda **dört** olarak belirtilen patent verilebilirlik ölçütleri, başvuruların değerlendirilmesinde ve hükümsüzlük kurallarında **yedi** olarak belirtilebilir:

- Bir **buluş** olacaktır.
- Bu buluş **yeni** olacaktır.
- Bu buluş **sanayiye uygulanabilir** olacaktır.
- Bu buluş bir **buluş basamağını** içerecektir.
- Bu buluş uygulamayı sağlayacak biçimde başvuruda **yeterince açık ve tam** tanımlanacaktır.
- Patent verilmesini isteyen **gerçek buluşçu** olacak veya buluşçunun adı belirtilecektir.
- Patent isteği yalnız **bir buluşu** kapsayacaktır. (**buluş bütünlüğü** – unity of invention)

17.3.1. Buluşta Teknik Özellik

Patent verilebilirlik ölçütlerine ek olarak, buluş iddiasının teknik bir özelliğinin de olması gerekir. Buluşun patentle korunabilmesi için teknik [33] bir özelliğinin olması ön koşuldur. Sanayiye uygulanabilir olmak ölçütü teknik kavramının tanımı ile örtüşmektedir.

Patent verilerek korunabilir bir buluş olup olmadığı konusunda-

---

33 Teknik: Bir bilim, bir meslek dalında kullanılan yöntemlerin tümü, Fizik, kimya, matematik gibi bilimlerden elde edilen verileri iş ve yapım alanında uygulamak. (TDK, Türkçe Sözlük)

ki değerlendirme, buluşun; yenilik, sanayiye uygulanabilirlik ve bir buluş basamağı içermek ölçütleri açısından incelenmesinden, ayrı yapılmalıdır.

17.3.2. Yeterince Açık ve Tam

Buluş, başvuru sırasında uygulamayı sağlayacak biçimde yeterince açık ve eksiksiz şekilde tanımlanacaktır.

Patent başvurusuna ilişkin olarak düzenlenen araştırma raporlarında kullanılan «it is not clear» ifadesi bu kuralı tanımlamaktadır. Avrupa Patenti Sözleşmesinde bu kural "sufficiently clear and complete" olarak belirtilmiştir.

6769 sayılı Sınai Mülkiyet Kanunu madde 92'de bu konu aşağıdaki gibi açıklanmıştır:

"Tarifnamenin Açıklığı

Buluş, buluş konusunun ilgili olduğu teknik alanda uzman bir kişi tarafından buluşun uygulanabilmesini sağlayacak şekilde yeterince açık ve tam olarak patent başvurusunda .... açıklanır."

Patent tarifnamesinde yeterince açık ve tam açıklanmayan bir buluşa patent verilmeyecektir.

17.3.3. Gerçek Buluşçu/Buluşçular

Patent veya faydalı model belgesi verilmesini isteyen gerçek buluşçu/buluşçular (buluşu yapan/yapanlar) olacaktır. Eğer gerçek buluşçu/buluşçular patent istemek hakkını bir başka gerçek veya tüzel kişiye devir etmişlerse, başvuruda gerçek buluşçu/buluşçuların adları belirtilecek ve bu hakkın nasıl elde edildiği açıklanacaktır. (Hizmet ilişkisi, devir, vb.)

6769 sayılı SMK (madde 90/5) de bu konuda özel hüküm yer almıştır: Buluşu yapan, başvuruda belirtilir. Ancak buluşu yapan, adının gizli tutulmasını isteyebilir. Başvuru sahibinin buluşu yapan olmaması veya buluşu yapanlardan sadece biri veya birkaçı olması hâlinde bu kişiler, patent başvuru hakkını ne şekilde elde ettiklerini başvuruda açıklamak zorundadır.

Buluşu yapanın başvuru veya patent sahibinden buluşu yapan olarak tanınmasını ve adının belirtilmesini istemek hakkı vardır.

17.3.4. Buluş Bütünlüğü

Patent veya faydalı model belgesi yalnız bir buluş için verilir. Üründeki her bir teknik sorunu çözen yenilik buluş olarak kabul **edilebilir**. Bir ürünü oluşturan unsur sayısı gibi, bir üründe birden çok sayıda buluş bulunabilir.

Patent ve faydalı model sisteminde bu konu, "**buluş bütünlüğü – unity of invention**" olarak tanımlanmıştır. Birden çok buluşu içeren bir patent veya faydalı model başvurusu yapılmış ise, patent ofisindeki şekli şartlara uygunluk incelemesi sonrasında yalnız bir buluş için rapor düzenlenecek ve diğeri/diğerleri için ayrı başvuru yapılması gerektiği bildirilecektir. Ayrılan buluşlar için yapılacak yeni başvurunun/başvuruların tarihi ilk başvurunun tarihi kabul edilecektir. Eğer söz konusu başvuruda rüçhan hakkı talep edilmiş ise, yeni başvurular için de rüçhan hakkı geçerli olacaktır.

Bölünmüş başvurularda geriye dönük tüm yıllık ücretlerin, bölünmenin bildirim tarihinden itibaren iki ay içinde ödenmesi ve araştırma talebinin iki ay içinde (Yön. Madde 83) yapılması gerekir.

17.3.4.1. Buluş Bütünlüğü İçin Örnek

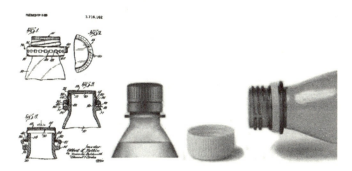

Yeni bir buluş olan plastik su şişesi kapağı, "kurcalandığını gösterir" teknik özelliktedir. Bu kapak açıldığı zaman altındaki parça ile bağlantısı kopar. Kopma nedeniyle kapak tekrar kapatıldığı zaman önceden kullanıldığı anlaşılır.

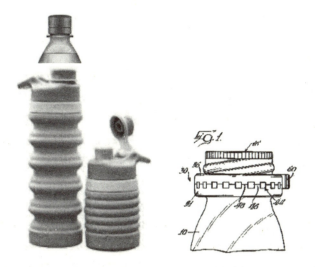

Bir başka buluş olan katlanır su şişesi ile kurcalandığını gösterir kapak birleştirilerek bir patent başvurusu yapıldığı zaman, şişe tek olmasına rağmen, birbirinden farklı iki teknik özellik bir patent başvurusunda birleştirildiği için, buluş bütünlüğü olmadığı ve bu başvurunun iki ayrı başvuruya ayrılması söz konusu olabilir.

18

Patent Sınıflandırması

Hangi buluşun hangi patent sınıfına girdiğini belirlemek için patent sınıflandırmaları düzenlenmiştir. Bu sınıflandırmalardan buluşların hangi sınıfta yer aldığını ve araştırıldığında bu sınıfta kaç patent başvurusu yapıldığını belirlemek olasıdır.

Patent sınıflandırması, patent ofisi incelemecilerinin veya diğer kişilerin, yayınlanmış patent başvuruları gibi belgeleri, içerdikleri teknik özelliklere göre kodlamaları için bir sistemdir. Patent sınıflandırmaları, bir patentin uygulandığı buluşa benzer veya ilgili önceki açıklamalarla ilgili belgeleri hızlı bir şekilde aramayı ve patent başvurularındaki teknolojik eğilimleri izlemeyi mümkün kılar.

Patent sınıflandırmalarının en önemli avantajlarından biri, sözcüklerden daha çok sistemin sembollerini kullanarak farklı dillerin belgelerini arama olanağı sağlamasıdır.

Aşağıdaki "Complete Classification Symbol" tablosunda örnek olarak verilen A01B33/00 ve A01B33/08 sınıflarının ayrıntısı şu şekildedir:

A	İnsan İhtiyaçları
A01	Tarım, Ormancılık, Hayvancılık; Avcılık, Yakalama; Balıkçılık

A01B   Genel olarak; Tarım ve Ormancılıkta Toprak İşleme, Tarımsal Makinelere veya Uygulamalara ait Parçalar, detaylar,...

A01B33/00   Döner Tahrikli Aletlerle Toprak İşleme Uygulamaları

A01B33/08   Örnek olarak şanzıman veya dişli mekanizmalarının uyarlamaları gibi Aletler, detaylar

Her bir **bölüm** sınıflara ayrılmıştır. Sınıfların sembolleri bölüm sembolünü takip eden iki basamaklı bir sayı içerir, örneğin: **A01**. Her **sınıf** da bir veya daha fazla alt sınıf içerir. Alt sınıfların sembolleri sınıf sembolünü takip eden bir büyük harf içerir, örneğin: **A01B** Her bir **alt sınıf** ise kendi içinde gruplara ayrılır. Gruplarda ana gruplar ve alt gruplardan oluşur. **Ana grup** sembolleri alt sınıf sembolünü takip eden ve konu alanını tanımlayan bir sayı / ve 00 sayısını içerir, örneğin: **A01B 33/00**.

Ana grubun altında ise ana grubun amacı içinde araştırma amacına yararlı olacağı düşünülen konunun alanını tanımlayan **alt gruplar** bulunmaktadır. Her bir alt grup sembolü ana sınıf sembolünü takip eden ve ana grubun sayısı, / ve 00'dan farklı olarak en az iki basamaklı bir sayı içerir, örneğin: **A01B 33/08**.

18.1. Sınıf Sembolleri ile Patent Ön Araştırması

A01B33/00 sınıfı için kaç patent başvurusu olduğu https://worldwide. espacenet.com adresinde araştırılmış ve CPC sınıflarında 352 ve IPC sınıflarında 2,595 sonuç bulunmuştur.

> Approximately **352** results found in the Worldwide database for: **A01B33/00** as the Cooperative Patent Classification
> Approximately **2,595** results found in the Worldwide database for: **A01B33/00** as the IPC classification
> Only the first **500** results are displayed.

Bu teknik alanda bilgi almak isteyen bir kişi, söz konusu sonuçları oluşturan patent başvurularını inceleyebilir. Bulunan sayıların çokluğu nedeniyle, A01B33/00 ve A01B33/08 sembollerine anahtar sözcükler eklenerek araştırma yeniden yapabilir. Bu durumda sonuç sayısı azalacaktır. Advanced Search menüsünde, "title or abstract" bölümüne "cultivator" ve CPC bölümüne "A01B33/00" yazıldığı zaman, 23 sonuç bulunacaktır.

> 23 results found in the Worldwide database for:
> **cultivator** in the title or abstract AND **A01B33/00** as the Cooperative Patent Classification

Espacenet veri tabanında ve "advanced search" menüsünde, CPC bölümüne A01B33/00 ve "Publication date" bölümüne 2014:2017 yazılarak yeni bir araştırma yapıldığı zaman 33 sonuç bulunacaktır. Bu araştırmada 2014 ila 2017 yılları arasındaki kayıtlara ulaşılacaktır.

> 33 results found in the Worldwide database for:
> **2014:2017** as the publication date AND **A01B33/00** as the Cooperative Patent Classification

18.2. IPC – Uluslararası Patent Sınıflandırması (International Patent Classification)

Uluslararası Patent Sınıflandırması (IPC), uluslararası kabul görmüş bir patent sınıflandırma sistemi olup, dile bağlı sembollerin hiyerarşik bir yapısına sahiptir. Bölümlere, sınıflara, alt sınıflara ve gruplara ayrılmıştır. IPC sembolleri patent başvurularındaki teknik özelliklere göre atanır. Birden fazla teknik özellik ile ilgili olan bir patent başvurusuna birkaç IPC sembolü atanabilir.

IPC, sekiz bölüm ve yaklaşık 70.000 sembolü kapsayan, uluslararası bir patent sınıflandırma sistemidir. IPC, teknolojiyi yaklaşık 70,000 sembolü içeren sekiz bölüme (A-H) ayırmakta ve her bir sınıf, alt sınıf ve grupta, rakamlar ve harflerden oluşan bir sembol oluşmaktadır.

WIPO, IPC sınıflandırma sisteminde bir örnek olarak aşağıdaki tabloyu açıklamıştır: [34]

"Guide to the International Patent Classification Version 2018" yayınında ayrıntılı bilgi bulunmaktadır.

COMPLETE CLASSIFICATION SYMBOL

23. A complete classification symbol comprises the combined symbols representing the section, class, subclass and main group or subgroup.

Example:

A	01	B	33/00	Main group – 4th level
Section – 1st level	Class – 2nd level		or 33/08	Subgroup – lower level
		Subclass – 3rd level		
			Group	

Sınıf sembolleri **bölüm, sınıf, alt sınıf, grup (ve alt grup)** olarak belirlenmiştir. Yukarıdaki tablodan anlaşılacağı gibi **A01B33/00** veya **A01B33/08** bir patent sınıfını vermektedir.

IPC, Uluslararası Patent Sınıflandırması tüm teknoloji alanını 8 bölüme ayırır.

BÖLÜM A	İnsan İhtiyaçları
BÖLÜM B	İşlemlerin Uygulanması; Taşıma
BÖLÜM C	Kimya; Metalürji
BÖLÜM D	Tekstil; Kâğıt
BÖLÜM E	Sabit Yapılar (İnşaat)
BÖLÜM F	Makine Mühendisliği; Aydınlatma; Isıtma; Silahlar; Tahrip malzemeleri

---

34 https://www.wipo.int/export/sites/www/classifications/ipc/en/guide/guide_ipc.pdf http://www.wipo.int/classifications/ipc/en/

BÖLÜM G Fizik
BÖLÜM H Elektrik

18.3. CPC – Birleşik Patent Sınıflandırması Cooperative Patent Classification [35]

Bu Patent Sınıflandırması (CPC), IPC'nin bir uzantısıdır ve Avrupa Patenti Ofisi ile Amerika Birleşik Devletleri Patent ve Marka Ofisi tarafından müştereken yönetilmektedir. Sırasıyla; sınıflara, alt sınıflara, gruplara ve alt gruplara bölünmüş olan A-H ve Y olmak üzere dokuz bölüme ayrılmıştır. Yaklaşık 250.000 sınıf girişi vardır.

IPC de yer almayan «GENERAL TAGGING OF NEW TECHNOLOGICAL DEVELOPMENTS» konusu CPC de «Y» bölümü olarak bölümlere eklenmiştir. [36]

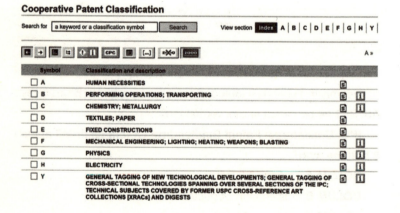

---

35 https://worldwide.espacenet.com/classification?locale=en_EP
36 https://worldwide.espacenet.com/classification?locale=en_EP

18.4. Bilgi Kaynağı Olarak Patent Sınıfları ve Sayıları

Gelişmiş ülkelerin, buluş, patent ve faydalı model konularına ne kadar önem verdiği sınıflandırma sisteminin ayrıntılarından anlaşılmaktadır. Binlerce buluş sınıflandırılmış olup, bu sınıflar sürekli güncellenmektedir. Sınıflandırmaya ek olarak, bir yıl içinde yapılan patent ve faydalı model başvurusu sayılarındaki artış, verilen önemi kanıtlamaktadır.

Patents	2016	2017	Growth rate (%)	Share of world total (%)
Applications worldwide	3,125,100	3,168,900	..	100.0
China	1,338,503	1,381,594	..	43.6
U.S.	605,571	606,956	0.2	19.2
Japan	318,381	318,479	0.0	10.1

WIPO 2017 yılı göstergelerinde, en çok patent başvurusu yapılan ilk üç ülkenin, Çin, Amerika Birleşik Devletleri ve Japonya olduğu belirtilmektedir. [37]

2017 yılında dünya çapında yapılmış 3.168.900 patent başvurusunun %72,9 kadarını, Ar-Ge harcamaları ve rekabet gücü yüksek bu üç ülke karşılamaktadır.

2017 yılı göstergeleri "World Intellectual Property Indicators 2018" adlı yayında WIPO tarafından yayınlanmıştır. [38]

Türkiye'de yapılan patent başvuruları ile verilen patentlerin IPC sınıflarına göre dağılımı, aşağıdaki iki tabloda gösterilmiştir. (Kaynak: Türk Patent, Resmî İstatistikler)

---

37 https://www.wipo.int/edocs/pubdocs/en/wipo_pub_941_2018.pdf
38 https://www.wipo.int/publications/en/details.jsp?id=4369

18.4.1. Patent Başvurularının IPC Sınıflarına Göre Dağılımı

	2015		2016		2017		2018		
	Yerli	Yabancı	Yerli	Yabancı	Yerli	Yabancı	Yerli	Yabancı	Teknoloji Alanı
A	1623	2046	1719	3701	1300	2723	1684	2828	İnsan İhtiyaçları
B	1033	1446	1162	2650	815	1999	941	2077	İşlemlerin Uygulanması; Taşıma
C	283	1565	345	2793	218	2309	290	2395	Kimya; Metalürji
D	215	257	262	534	300	314	256	337	Tekstil; Kağıt
E	286	339	306	578	219	560	236	541	Sabit Yapılar (İnşaat)
F	821	664	937	1407	874	1078	711	1183	Makine Mühendisliği, Aydınlatma, Isıtma, Silahlar
G	700	400	1037	869	963	589	1034	703	Fizik
H	552	601	794	1092	783	1044	629	1059	Elektrik

18.4.2. Verilen Patentlerin IPC Sınıflarına Göre Dağılımı

	2015		2016		2017		2018		
	Yerli	Yabancı	Yerli	Yabancı	Yerli	Yabancı	Yerli	Yabancı	
A	542	1851	666	3490	558	2721	1036	3813	İnsan İhtiyaçları
B	300	1245	368	2229	333	1934	633	2715	İşlemlerin Uygulanması; Taşıma
C	95	1452	135	2594	119	2294	207	3135	Kimya; Metalürji
D	96	240	131	510	99	312	150	502	Tekstil; Kağıt
E	104	315	123	527	96	539	190	753	Sabit Yapılar (İnşaat),
F	278	590	302	1259	327	1051	457	1582	Makine Mühendisliği; Aydınlatma; Isıtma; Silahlar
G	192	350	273	800	251	583	446	1063	Fizik
H	111	565	215	975	208	1027	325	1330	Elektrik

İki tablodaki veriler, Türkiye'de en çok patent başvurusu yapılan ve en çok patent verilen teknik alanlarda, yerli ve yabancı olarak farklılık göstermektedir. Yabancı başvuru ve patentlerin sıralaması: A, C, B, F, H, G, E, D olmasına karşılık yerli patent başvuruları ve verilen patentleri sıralaması birbirinden farklıdır. Yerli patent başvuruları A, G, B, H, D, E, C ve yerli verilen patentler A, B, F, G, H, C, D, E şeklinde sıralanmaktadır. Bu verilere göre Türkiye'de insan ihtiyaçları en çok patent başvurusu yapılan ve patent verilen teknik alan olmaktadır.

19

Patent Veri Tabanları

Patentlere ilişkin bilgiler topluma açıktır. Patent Veri Tabanlarına çevrimiçi ulaşmak mümkündür.

19.1. Türk Patent Veri Tabanı

http://online.turkpatent.gov.tr Türk Patent ve Marka Kurumu'nun, Türkiye'de yapılan patent ve faydalı model başvurularına ve verilmiş belgelerine ilişkin verilere ulaşılabilmektedir.

19.2. Avrupa Patenti Veri Tabanı

https://worldwide.espacenet.com adresi, Avrupa Patenti Ofisi'nin patent veri tabanı olup, Avrupa Patenti başvuruları ve patentleri, uluslararası patent başvuruları ve birçok ülkenin patent ve faydalı model başvuruları ile verilmiş belgelerini içermektedir. Ayrıca Avrupa Patenti başvurularına ilişkin tüm yazışmaları bu veri tabanında görmek mümkündür.

19.3. Amerika Birleşik Devletleri Patent Veri Tabanı

http://www.uspto.gov/patft/index.html adresi, Amerika Birleşik Devletleri Patent ve Marka Ofisi'nin patent veri tabanıdır. Bu veri tabanında tüm patent başvurularını, tüm patentleri ve bunlara ilişkin tüm yazışmaları görmek mümkündür.

19.4. WIPO PatentScope Veri Tabanı

https://patentscope.wipo.int/search/en/search.jsf;jsessioni-d=E-A37BBDF1BD0EA20B94637FB8F3B310C.wapp2 adresi Patent İşbirliği Andlaşmasına göre yapılan uluslararası patent başvuruları ve başvuru aşamalarındaki ayrıntılara ilişkin verileri içermektedir.

19.5. Online Patent Araştırması Yapılan Siteler:

http://www.freepatentsonline.com/
http://www.google.com/patents

19.6. Bazı Ülkelerin Patent Ofis Siteleri:

Birleşik Krallık Fikri Haklar Ofisi: http://www.ipo.gov.uk/patent.htm

Japonya Patent Ofisi: http://www.jpo.go.jp/e/index.html

Almanya Patent ve Marka Ofisi:
https://www.dpma.de/english/patents/search/index.html

Macaristan Fikri Haklar Ofisi:
http://epub.hpo.hu/e-kutatas/?lan- g=EN

Kore Fikri Haklar Ofisi: http://www.kipo.go.kr/en/

Kanada Fikri Haklar Ofisi:
http://brevets-patents.ic.gc.ca/opic-cipo/ cpd/eng/search/basic.html

19.7. Ücretli Bazı Patent Veri Tabanları

Questel – Orbit https://www.questel.com/#

Lexisnexis – Total Patent
https://www.lexisnexis.com/en-us/home. page

Minesoft – PatBase https://minesoft.com/

CPA – Innography https://www.cpaglobal.com/

Thomson Innovation – Derwent
https://clarivate.com/products/ derwent-innovation/

Thomson Reuters Corporation
https://www.thomsonreuters.com/ en.html

20

Patent Başvurusunun Hazırlanması

Bir buluşun korunması için patent tercihi yapılması durumunda, buluşçu tarafından doldurulan buluş bildirim formundaki bilgilere göre yapılan patent ön araştırmasında elde edilen bilgiler değerlendirilerek, bir patent başvurusu yapılmasına karar verilmesi gerekmektedir.

Buluşun korunması düşünülen ülkeler ve yapılacak ulusal veya bölgesel veya uluslararası patent başvurusu için aynı özellikleri taşıması gereken bir patent tarifnamesinin yazılması ve varsa resimlerin çizilmesi önceliklidir.

Patent tarifnamesi ve resimler hazırlandıktan sonra, ikinci aşamada, buluş ile tekniğe katıldığı düşünülen yeniliklerin tanımlanması amacıyla patent istemleri yazılmalıdır.

Patent tarifnamesi ve istemlerin yapısı, çok küçük farklılıklar olmakla birlikte, ulusal, bölgesel ve uluslararası patent başvurularında benzerdir. Patent tarifnamesi, istemler ve resimler dışındaki gerekler standart özelliklerdedir. Buluşu yapan veya yapanlar ile başvuru sahibi hakkındaki bilgilerin yazılacağı formlar genellikle çevrimiçi ulaşılabilen formlardır.

Bir patent başvurusu için hazırlanacak patent tarifnamesi, istemler ve resimler birçok yönden zorluklar içerebilir. Her şeyden önce yazılacak tarifname ve istemler sırasında buluş henüz somut olarak biçimlenmemiş olabilir. Buluş bildirim formundaki bilgiler, çizimler, eskizler, açıklamalar ile sınırlı bilgilerle patent tarifnamesinin ve istemlerinin yazılması, karşılaşılacak zorluklara örnektir.

WIPO'nun yukarıda belirtilen "WIPO Patent Drafting Manual" adlı yayınında bu duruma da değinilmiştir. Örneğin, " ... patent vekili buluşla ilgili tüm bilgileri, buluşçu ile bir veya birkaç görüşme yaparak öğrenmek isteyebilir. Patent vekilinin, buluşçu ile görüşme yapmaksızın buluşu, hiçbir belirsizliğe yer vermeyecek şekilde tanımlaması son derece ihtimal dışıdır. İdeal olarak, buluşçu, doldurulacak buluş bildirim formunu ve bunu desteleyecek bilgileri patent vekiline görüşme öncesinde vermelidir. Görüşme sonrası olası soruların yanıtlanması ve ek bilgilerin verilmesi de önemlidir."

Bir buluş için tarifname yazılırken önemli zorluklardan birinin de «Buluş Bütünlüğü»-«Unity of Invention» ilkesi olduğu belirtilebilir. Patent sisteminde, yalnız bir buluşa patent verilmesine ilişkin kurallar düzenlendiği için, buluş bildirim formunun da her buluş için ayrı doldurulması gerekmektedir.

21

Patent Ön Araştırması

Gerek Ar-Ge faaliyetine ve gerekse patent başvurusunu hazırlamaya başlamadan önce, buluş ile ilgili teknik alandaki önceki tekniği öğrenmek amacıyla bir ön araştırma yapılması ve konu ile ilgili yayınların derlenmesi önerilir.

Söz konusu araştırmanın birinci aşaması olan Türkiye'de verilmiş patentler arasındaki araştırma, Türk Patent ve Marka Kurumu patent veri tabanında yapılabilir. Bu araştırmayı konu veya kişi veya IPC kodlar bazında yapmak mümkündür.

Araştırmada öncelikle buluşun başlığı, tarih, sınıf, buluşçu, patent sahibi vb. bilgiler ve ön araştırma konusu ile çakışan konularla çok benzer konuların özetleri elde edilmeli, daha sonra bunlar arasından en yakın dokümanlar seçilerek incelenmelidir.

21.1. Türk Patent ve Marka Kurumu Veri Tabanında Ön Araştırma [39]

Buluş Başlığı / Özet		ör: araba
Bülten Numarası		ör: 2006/1
Başvuru Numarası		ör: 2000/00678
EPC Başvuru Numarası		ör: EP01660183.3
EPC Yayın Numarası		ör: EP1143512A2
PCT Başvuru Numarası		ör: PCT/EP00/07641
PCT Yayın Numarası		ör: WO 2000/1010827
Rüçhan Numarası		ör: 2000/00678
Yayın Tarihi		ör: 01.01.2005
Başvuru Sahibi		ör: Zeynep Neva
Buluş Sahibi		ör: Kayra Kavlak
Vekil		ör: Emir Özıba
IPC Sınıfı		ör: H02K 5/124

Bu sayfada buluş başlığı, bülten numarası, başvuru numarası, rüçhan numarası, yayın tarihi, başvuru sahibi, buluş sahibi, başvurunun vekili ya da IPC sınıfını girerek arama yapabilirsiniz. Aramak istediğiniz kriteri girin ve "Ara" butonuna tıklayınız.

Arama yapabilmek için aşağıdaki doğrulama kodunu ilgili alana girmeniz gerekmektedir.

ur78n4

---

[39] http://online.turkpatent.gov.tr/EPATENT/servlet/PreSearchRequestManager

21.1.1. Türk Patent ve Marka Kurumu Veri Tabanında "Medikal Cihaz" Araştırması

No	Başvuru No	Buluş Başlığı
1	2018/20583	MANUEL İNTRAOSSEÖZ İNFÜZYON İĞNESİ
2	2018/19992	BİYOASSAY İÇİN YÖNTEM VE CİHAZ
3	2018/19119	BAĞLI İPEK FİBROİN MİKROFİBERLER VE NANOFİBERLERDEN OLUŞAN BİR HİBRİT YAPININ ÜRETİMİ İÇİN YÖNTEM, BU SAYEDE ELDE EDİLEN HİBRİT YAPI VE İMPLANTE EDİLEBİLİR BİR MEDİKAL CİHAZ OLARAK KULLANIMI.
4	2018/17887	Medikal cihaz ve montaj yöntemi.
5	2018/13803	SÜPERİLETKEN DİZİLERİ İÇİN BİR FRAKTAL ANTEN
6	2018/12372	MEDİKAL OZON CİHAZI VE BÖYLE BİR CİHAZIN MEYDANA GETİRİLMESİ YÖNTEMİ
7	2018/12337	TİTANYUM İMPLANTLARIN BOR İLE KAPLANMASIYLA OSTEOENTEGRASYON SAĞLANMASINA YÖNELİK BİR YÖNTEM
8	2018/10643	Kaplanmış medikal cihazlar.
9	2018/08784	MOBİL HASTA VERİ TAKİP VE ANALİZ CİHAZI
10	2018/08783	SÜREKLİ ATEŞ ÖLÇER
11	2018/08622	VÜCUT SICAKLIĞI ANLIK TAKİP VE ANALİZ CİHAZI
12	2018/08306	Kartuş tutucu, bu tür bir kartuş tutucu içeren medikal cihaz ve bir tıbbi ilaç rezervuarının yerleştirilmesine yönelik yöntem.
13	2018/07994	UV İLE SERTLEŞEN, BİYOUYUMLU, SÜPERAMFİFOBİK KAPLAMA
14	2018/07574	Tıbbi tedavi için bir sistem.
15	2018/06676	Genişletilebilir ortez cihazının kesme kafası.

Türk Patent veri tabanında "medikal cihaz" için yapılan ön araştırmada 138 sonuç bulunmuştur. Bu veri, ön araştırmada bulunan 138 adet patent veya faydalı model başvuruları ve bunlara verilmiş belgelerin tümünün toplamı anlamındadır.

21.1.2. Türk Patent ve Marka Kurumu Veri Tabanında "Tıbbi Cihaz" Araştırması

No	Başvuru No	Buluş Başlığı
1	2019/03300	Konektör cihazı.
2	2019/03002	Elektrik motoru tahrik kontrolü olan tıbbi enjeksiyon cihazı.
3	2019/02454	Bir ilaç dağıtım cihazına yönelik kartuş tutucu.
4	2019/02449	Bir sıvı dağıtım cihazına yönelik kodlanmış kartuş tutucu sistemi.
5	2019/02423	Kontrast maddelerin hazırlanması ile ilgili veri toplama cihazı, sistem, yöntem ve bilgisayar programı ürünü.
6	2019/01942	Tıbbi aletlerin ve cihazların temizlenmesine ve dezenfekte edilmesine yönelik kit ve yöntem.
7	2019/01744	Turmalin bazlı, kadınlar ve idrar kaçırma için hijyenik havlular ve yaraların tedavisi için gazlı bezler/ bandajlar ve cerrahi pansumanlar.
8	2019/01615	İlaç dağıtım cihazlarının kurulumuna yönelik yöntem.
9	2019/01137	CERRAHİ TARAMA SİSTEMİ
10	2019/01023	Bir aplikatör elemana sahip çok fonksiyonlu cihaz.
11	2019/00419	Kateter Bağlama Düzenlemesi
12	2018/19651	İlaç tüpü değişimi sonrasında piston çubuğunu geri çekmeyi sağlayan yeniden ayarlanabilir mekanizmalı ilaç enjeksiyon cihazı.
13	2018/18778	Yumuşak uçlu kanül.
14	2018/18296	İlaç Dağıtım Cihazı
15	2018/18040	Katlanabilir bir tıbbi kapatma cihazı ve bu cihazı kurmaya yönelik bir yöntem.

Türk Patent veri tabanında "tıbbi cihaz" için yapılan ön araştırmada 370 sonuç bulunmuştur. Bulunan 370 sayısı, patent veya faydalı model başvuruları ve bunlara verilmiş belgelerin, 1971 ila 2018 yılları arasındaki döneme ait, toplamı anlamındadır.

21.1.3. Avrupa Patenti Ofisi Veri Tabanında Yapılan "Medical Devices" Araştırması

Avrupa Patenti Ofisi veri tabanında yapılan "medical devices" araştırmasında 10.000'den çok sonuç olduğu görülmüştür. [40] Avrupa Patenti veri tabanında "medical devices" için yapılan bu ön araştırmada bulunan sayının çokluğu nedeniyle, veri tabanında yalnız ilk 500 sonucu görmek ve erişmek mümkündür. Her sayfada 25 sonuç bulunmaktadır. Her sayfanın en altındaki Load more results for export yazısı tıklandığı zaman bir sonraki 25 sonuca ulaşılmaktadır.

21.1.4. Avrupa Patenti Ofisi Veri Tabanında Yapılan "Medical Devices" "2014:2017" Yıl Sınırlı Araştırması

---

40 https://worldwide.espacenet.com

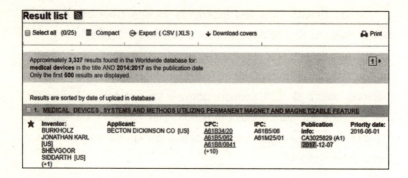

Avrupa Patenti Ofisi veri tabanında "Advanced Search" seçeneğinde "Title" seçeneğine "Medical Devices" ve "Publication Date" seçeneğine "2014:2017" yazıldığı zaman, ön araştırma bu tarihler arasındaki veriler arasında yapılmakta ve 3.337 sonuç verilmektedir. Anahtar sözcükler artırılarak veya aynı anda IPC veya CPC sembolleri de yazılarak, sayıca daha az ve odaklanılmış dokümanlara ulaşılabilir.

Ön araştırmada bulunan verilerin üzeri tıklanarak, patent başvurularının özet verilerine ve daha sonra "original document" seçeneği tıklanarak, yayınlanmış patent başvurularının tam metinlere ulaşılabilir.

21.1.5. Avrupa Patenti Ofisi Veri Tabanında Yapılan Patent Sınıf Araştırması

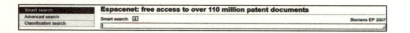

Buradaki "classification search" tıklanıp "medical device" yazıldığı zaman, bu tür cihazların A61B sınıfına girdiği görülecektir. Sınıf sembolü tıklanarak alt gruplar da görülebilir. Örneğin A61B 3/00 sembolü "Apparatus for testing the eyes" anlamındadır. A61B, A61C, A61Q şeklindeki alt sınıflar tıklanarak gruplara ve alt gruplara ulaşılabilir. Buradan seçilen sembollere göre, istenilen konularda Avrupa Patenti veri tabanında araştırma yapılabilir.

21.1.6. USPTO, Atıf Yapılan Referanslar (References Cited)

Amerika Birleşik Devletleri Patent ve Marka Ofisi veri tabanında bir patente ulaşıldığında, ilk sayfada "Bibliographic Data" verilerine ek olarak "References Cited" ve "Referenced By" bilgileri de bulunur.

"References Cited" verileri, söz konusu patentte **atıf yapılan** önceki teknikteki patent ve patent başvurularını ve diğer referansları içerir. Bağlantı verilen bu referanslar tıklanınca önceki teknikteki dokümanlara ulaşılabilir.

Bağlantı verilmiş "References By" tıklanınca, bu patente daha sonra **atıf yapan** dokümanlara ulaşılabilir. 8,000,000 sayılı Amerika Birleşik Devletleri patentinde, 42 atıf yapılmıştır.

Gerek atıf yapılan ve gerekse atıf yapan dokümanlarda tıklanarak yüzlerce dokümana ulaşmak mümkündür. Örneğin, 8,000,000 sayılı patente atıf yapan listedeki ilk patentler 10,179,198-10,076,283-10,064,985-9,968,721 sayılı Amerika Birleşik Devletleri patentleri tıklanınca, bu patentlere atıf yapılan patent veya patent başvurusu veya diğer **referanslar sayısının yüzlerce olduğu görülecektir**.

8,000,000 sayılı Amerika Birleşik Devletleri patentine atıf yapan 42 adet referansta da, atıf yapılanların çok sayıda olduğu şüphesizdir.

21.1.7. EPO, Atıf Yapılan Referanslar (Cited Documents)

Avrupa Patenti Ofisi'nin https://worldwide.espacanet.com adresindeki veri tabanında, US 8,000,000 sayılı Amerika Birleşik Devletleri patenti sorgulandığı zaman, ekrana gelen "Visual Prosthesis" buluş başlığı tıklanarak Bibliographic Data ekranında "Cited Documents" ve "Citing Documents" seçenekleri tıklanarak atıf yapılan ve atıf yapan dokümanlara ulaşılabilir.

22

Patent Tarifnamesi

Patent tarifnamesi, bir patent başvurusunun ve elde edilecek patent korumasının en önemli unsurudur. Gerek patentin alınması ve gerekse korumanın sağlanması aşamalarında tarifnamede yazılmayanlar dikkate alınmayacaktır. Korumayı sağlayacak olan istemlerin dayanağı tarifname ve varsa resimler olacaktır.

Birbirinden çok az farklı olmasına rağmen, ülke uygulamalarında tarifname genel anlamda çok fazla farklılık içermez. Sayısal açıdan en çok patent işlemi yapan Japonya, Amerika Birleşik Devletleri ve Avrupa Patenti Ofisi uygulamaları örnek olarak ele alınabilir.

22.1. Japonya Örneği

- Industrial application (teknik alan)
- Description of the prior art (önceki teknik)
- **Problem(s) to be solved by the invention** (buluşla çözümlenmesi istenen sorunlar)
- **Means for solving the problem** (sorunun çözümü için buluşun genel anlatımı)

Patent Tarifnamesi | 89

- Example (buluş uygulamalarının bir örnekle anlatımı)
- Effect of the invention (buluşun tekniğe kattığı avantajlar)
- Brief description of the drawings (şekillerin kısa açıklaması)
- Claim(s) (istemler)
- Abstract (Özet)

22.2. Amerika Birleşik Devletleri Örneği

- Field of the invention (buluşun alanı)
- Background of the invention (buluşun alt yapısı)
- Summary of the invention (buluşun kısa açıklaması ve amaçları)
- Brief description of the figures (resimlerin kısaca açıklanması)
- Detailed Description (ayrıntılı açıklama)
- Claims (istemler)
- Abstract (Özet)

22.3. Avrupa Patenti Örneği

- Field of the invention (buluşun alanı)
- Background of the invention (buluşun alt yapısı)
- Description of prior art (önceki tekniğin açıklaması)
- Summary of the invention (buluşun kısa açıklaması)
- Brief description of drawings (şekillerin kısa açıklaması)
- Detailed Description of the Invention (buluşun ayrıntılı açıklaması)
- Claims (istemler)
- Abstract (Özet)

22.4. Türkiye Örneği

- Teknik Alan
- Tekniğin Bilinen Durumu
- Buluşun Amacı
- Buluşun Getirdiği Yenilikler
- Sağladığı Avantajlar
- Ortadan Kaldırdığı Dezavantajlar
- Çözdüğü Problemler
- Şekillerin Açıklaması
- İstemler
- Özet

22.5. How to Get a European Patent

Avrupa Patenti Ofisi yayını olan "How to Get a European Patent" adlı yayında, kimya, mekanik ve bilgisayar konularında üç örnek tarifname sunulmaktadır. (Sayfa 71 – 119) [41]

Ek III

Avrupa Patenti başvurularına örnekler. Bu bölüm, aşağıdaki teknik alanların her biri için bir adet olmak üzere üç örnek Avrupa Patenti başvurusu (tarifname, istemler, resimlerim ve özet), içerir:

- kimya,
- mekanik,
- bilgisayarlar

Bu örnekler, Avrupa Patenti başvurularını düzenleyen hükümlere uygundur.

Bu üç teknik alanda Avrupa Patenti Ofisi tarafından hazırlanan tarifname örneklerine internetten ulaşılabilir. Mekanik, teknik alanındaki örnek ve Türkçe çevirisi, bu kitaba eklenmiştir.

---

41 https://www.epo.org/applying/european/Guide-for-applicants.html

22.6. Tarifname Başlıkları

Genel olarak değerlendirildiğinde, tarifnameyi oluşturan bölümler ve açıklamaları aşağıdaki gibi örneklemek mümkün olabilir:

Buluşun başlığı: Buluşu kısa olarak tanıtacak bir başlıktır.

Buluşun ilgili olduğu teknik alan: Kısaca ilgili teknik alan belirtilmektedir. Örnek: "Bu buluş,... ile ilgilidir."

Önceki teknik: Buluş konusu ile aynı teknik alandaki daha önceki çalışmalar hakkında, karşılaştırma yapabilmek bakımından, bilgi verilir. Gerek yapılan araştırmada elde edilen bilgiler ve gerekse bilinen teknikler bu bölümde açıklanır. Bu açıklama sırasında önceki teknikteki uygulamaların dezavantajları varsa bunlar özellikle belirtilir.

Buluşun amaçları ve buluşun çözümünü amaçladığı teknik sorunlar: Buluş konusunun ana amacı ve varsa tali amaçları ile buluşun çözdüğü teknik sorunlar yazılır.

Resimlerin kısa tanımı: Buluş konusunun açıklanması sırasında resim veya şema veya formül veya çizelge veya bir başka sunuş gerektiriyorsa bunlar kısaca açıklanır.

Ayrıntılı açıklama: Buluş konusu buluşun amaçları doğrultusunda, başlangıçtan amaçlara ulaşılıncaya kadar gerçekleştirilen işlemler itibariyle ele alınıp açıklanır.

Buluşun sanayiye uygulanma biçimi: Buluşun ne şekilde uygulanabileceği ve kullanılabileceği belirtilir.

23

İstemler

İstemler, buluşun korunması istenilen unsurlarını tanımlar. İstemlerin dayanağı tarifnamedir. İstemler tarifnamede tanımlanan buluşun kapsamını aşamaz. (6769 sayılı Kanun Madde 92/4, EPC Art. 84) İstemler genellikle geniş kapsamlı bir bağımsız istemle başlar. Bağımsız istemlerin buluşu tanımlamak için gereken bütün asli unsurları içermesi gerekir. Ancak, bisikletin tekerleklerinin olması gibi, herkesçe bilinen unsurların açıklanması gerekmez. Bu nedenle örneğin buluş bilinen bir ürün üzerindeki gelişmeye ilişkin ise, bu ürün belirtilerek buluşun farklı olan unsurlarının belirtilmesi yeterli olacaktır. Bağımsız istem genellikle bir veya daha fazla bağımlı istem tarafından takip edilir. Bu yolla bağımsız istemde talep edilen özellikler daha açık bir biçimde belirtilmiş olur. Nitekim bağımlı istemler dayandıkları isteme atıf yapar ve korunması istenen ilave özellikleri belirtir. [42]

---
42 Dr. Özgür ÖZTÜRK, Türk Hukukunda Patent Verilebilirlik Şartları, Arıkan Yayınevi, 2008, Sayfa 26.

23.1. İstemlerde "Comprising", "Wherein", "Further Comprising" Uygulaması

Avrupa Patenti ve Amerika Birleşik Devletleri patent başvurusu örneklerinde istemler; genellikle "comprising", "wherein", "further comprising" sözcükleri kullanılarak yazılmaktadır.

İncelenen bazı patentlerde, örneğin US 7,000,000, US 8,000,000 ve US 10,000,000 sayılı Amerika Birleşik Devletleri patentlerinde, Avrupa Patenti Ofisi'nin örneklerinde olduğu gibi, [43] "comprising", "wherein", "further comprising" sözcüklerinin kullanıldığı görülmüştür. Önceki yıllarda kullanılan "characterized in that, characterized by, consisting of," vb. kavramların kullanımına rastlanmamıştır.

23.2. Türk Patent ve Marka Kurumu Uygulaması

Türk Patent ve Marka Kurumu tarafından yayınlanan "Patent Faydalı Model Başvuru Kılavuzu" adlı yayında, istemler için "... olup özelliği ... içermesidir." formatı önerilmektedir. Söz konusu yayında şu açıklama yer almaktadır:

"İstemler, buluşa konu olan tüm temel özellikleri içeren ana (bağımsız) istem içermelidir. Bu ana istemdeki özelliklere ek olarak korunmak istenen alt teknik özellikler varsa, bunlar da bağımlı istemler şeklinde düzenlenebilir. Bir patent başvurusunda ana (bağımsız) istem bulunması zorunludur, ancak bağımlı istem bulunması zorunlu değildir (bir başvuruda sadece bir istem bulunuyorsa, bu istem bağımsız istemdir). Bağımlı istem sayısı birden fazla olabilir." [44]

---

43 https://www.epo.org/applying/european/Guide-for-applicants.html
44 https://www.turkpatent.gov.tr/TURKPATENT/resources/temp/522B990B-E529-4378-8287-66E77494B4FA.pdf

23.3. Amerika Birleşik Devletleri Örneği

İstemlerin yazımı konusunda, Amerika Birleşik Devletleri Patenti 8,000,000 örnek olarak ele alınmıştır.

Bu patent "Bir görsel protez cihazı ve bir görsel protez cihazında güç tüketimini sınırlandırmak için bir yöntem" ile ilgilidir. Bu Amerika Birleşik Devletleri patentinde 12 istem bulunmaktadır. http://patft.uspto.gov/netahtml/PTO/srchnum.htm adresinde Patent Number Search tıklanarak Query bölümüne 8,000,000 yazıldığı zaman söz konusu patente ulaşılabilir.

Bu patentin 12 istemi bulunmaktadır. İstem 1, cihaz için bağımsız istem ve 2 ila 5 bağımlı istemlerdir.

İstem 6, bağımsız bir yöntem istemi ve istem 7 buna bağlı yöntem istemidir.

İstem 8 bağımsız bir cihaz istemi ve 9 ila 11 istemler buna bağlı cihaz istemleridir.

İstem 12, bağımsız bir yöntem istemidir.

İstemlerin yapısı incelendiğinde, bir patent başvurusunda dört bağımsız istem ve sekiz bağımlı istem bulunduğu görülecektir.

Amerika Birleşik Devletleri Patent ve Marka Ofisi kayıtlarındaki bu patentin tüm süreçteki ayrıntıları önemli bir örnek olarak incelenebilir.

23.4. Avrupa Patenti Ofisi İnceleme Kılavuzunda "Comprising" ve "Consisting" Açıklaması

4.21 "Comprising" vs. "consisting" A claim directed to an apparatus/method/product "comprising" certain features is interpreted as meaning that it includes those features, but that it does not exclude the presence of other features, as long as they do not render the claim unworkable. On the other hand, if the wording "consist of" is used, then no further features are present in the apparatus/method/product apart from the ones following said wording. In particular, if a claim for a chemical compound refers to it as "consisting of components A, B and C" by their proportions expressed in percentages, the presence of any additional component is excluded and therefore the percentages must add up to 100%(see T 711/90). In the case of chemical compounds or compositions, the use of "consisting essentially of" or "comprising substantially" means that specific further components can be present, namely those not materially affecting the essential characteristics of the compound or composition. For any other apparatus/method/product these terms have the same meaning as "comprising". Regarding Art. 123(2), "comprising" does not provide per se an implicit basis for either "consisting of" or "consisting essentially of" (T 759/10).

4.21 "İçeren" ve "oluşan": Belli özellikleri "içeren" bir cihazı/yöntemi/ürünü tanımlayan bir istem, bu özellikleri ihtiva ettiği, ancak, söz konusu istemi uygulanabilir hâle getirmediği sürece, başka özelliklerin varlığını dışlamadığı anlamına gelecek şekilde yorumlanmaktadır. Diğer yandan, "oluşan" ifadesi kullanıldığı takdirde, ilgili cihaz/yöntem/üründe, bu ifadeyi takip eden özelliklerden başka özellikler bulunmamaktadır. Özellikle, kimyasal bir bileşiğe yönelik bir istemde, bileşiğin, oranları yüzdeler ile ifade edilen "A, B ve C bileşenlerinden oluştuğu" belirtildiğinde, herhangi başka bir bileşenin varlığı dışlanmaktadır ve dolayısıyla yüzdelerin toplamı %100'ü bulmalıdır (bkz. T 711/90). Kimyasal bileşikler ve bileşimler söz konusu olduğunda, "esasen ...'den oluşan" veya "esasen ...'i içeren" ifadelerinin kullanımı, belli başka bileşenlerin, yani bileşik veya bileşimin esas karakteristiklerini bariz bir şekilde etkilemeyen bileşenlerin mevcut olabileceği anlamına gelmektedir. Bu ifadeler, diğer tüm cihaz/yöntem/ürünler için "içeren" ifadesi ile aynı anlama gelmektedir. 123(2) sayılı maddeye istinaden, "içeren" ifadesi kendi başına, "oluşan" veya "esasen oluşan" ifadelerinden herhangi biri için örtük bir anlam ifade etmemektedir (T 759/10). (Çeviren: Doğanay Yağcı)

24

Patent Resimleri

Başvurusu yapılacak buluş eğer resimlerle de gösterilebilecek nitelikte ise, tarifnamede ayrıntılı olarak açıklanan buluşun teknik resimler çizilerek desteklenmesi mümkündür. Patent sistemlerinde resimlerin verilmesi her zaman zorunlu olmamakla birlikte, buluşun daha iyi anlaşılabilmesini sağlamak bakımından bir veya birden çok teknik resim verilmesi genellikle önerilir. Eğer buluş bir kimyasal bileşik veya bir üretim yöntemi ile ilgili ise teknik resimler yerine formül, akış şemaları, diyagramlar, vb. biçimler de hazırlanabilir. Eğer buluş bir bilgisayar programı ile ilgili ise algoritmalar, şemalar ve resimler kullanılabilir.

Tarifname ve istemlerde olduğu gibi, teknik resimlerin hazırlanmasında da bazı kurallar bulunmaktadır. Örneğin, fotoğraf ve yazılı ifadeler kullanılamaz. Buluşu oluşturan parçaların tarifnamedeki numaralandırmaya göre numaralandırılması gerekir. Ayrıca teknik resimlerde ölçüler verilmemeli ve sayfa numaraları tarifnameden farklı olarak (1/4, 2/4, 3/4, 4/4) olarak verilmelidir.

Avrupa Patenti örnek tarifnamelerinde, resimler için de örnekler bulunmaktadır. Kimyasal bileşik ile ilgili örnekte formül ve tablo, mekanik örneğinde teknik resim ve bilgisayar programında akış şeması ve algoritma gösterilmiştir.

Teknik resimlerin, akış şemalarının, diyagramların, algoritmaların yeterli açıklıkta olması, daha sonra başkaları tarafından yapılan patent başvurularında, teknik resimlerin referans olarak gösterilmesini sağlayabilir.

24.1. Birleşik Krallık Araştırma Raporu Örneği

Örneğin, GB 2320007 sayılı Birleşik Krallık patent başvurusu için ilgili Patent Ofisi tarafından düzenlenen Araştırma Raporunda önceki tarihli GB 2127376 sayılı patent başvurusundaki Resim 1 bütün istemler için (x) kategorisinde referans gösterilmiştir. [45] Bu referans yeni yapılan başvuru konusu buluşun yeni olmadığını göstermektedir.

| Application No: | GB 9625128.5 | Examiner: | John Wilson |
| Claims searched: | 1-13 | Date of search: | 6 February 1997 |

Patents Act 1977
Search Report under Section 17

Databases searched:

UK Patent Office collections, including GB, EP, WO & US patent specifications, in:
UK Cl (Ed.O): B8D[DSC2]
Int Cl (Ed.6): B65D 1/12 1/20 6/00 6/02 17/00 17/28 17/34 25/04
Other: Online:- WPI

Documents considered to be relevant:

Category	Identity of document and relevant passage	Relevant to claims
X	GB 2291852 A Etherton - see the figs and p.1 ll.1-6	1-4, 8-10
X	GB 2281895 A Keeleanne Promotions - see esp. fig.2	1-10
X	GB 2265597 A Holyoake - whole document	1-4, 8-10
X	GB 2204554 A Shih-Chiang Chen - see the figs.	1-10
X	GB 2127376 A Pasquale - see fig.1	1-13

⟶ X   GB 2127376 A   Pasquale – see fig. 1   1-13

---

45 http://worldwide.espacenet.com/maximizedOriginalDocument?ND=4&flavour=-maximizedPlainPage&locale=en_EP&FT=D&date=19980610&CC=GB&N-R=2320007A&KC=A

25

Özet

Yaklaşık 100 - 150 kelimeden oluşan ve buluşla ilgili teknik bilgi veren metindir. Patent ön araştırmaları genellikle buluş başlığı ve/veya özet içinde yapıldığı için, buluşa ilişkin bilgilere ulaşmayı sağlayacak bilgi özette yer almalıdır. Özette, buluşun amaçları yerine buluş ile gerçekleştirilen teknik çözüm yazılmalıdır. Özet örneği için Avrupa Patenti örneklerine bakılabilir.

25.1. Avrupa Patenti Ofisi Örneği

Bir bisiklet için bir pedal çevirme cihazı, bir destek mesnedi (13), bir rotasyon şaftı (111), bir zincir dişlisi (11), iki adet karşılıklı tek yönlü mandallı dişli çark (40), iki adet karşılıklı tahrik elemanı (30), bir krank (12), iki adet karşılıklı tahrik şaftı (141), iki pedal (14) ve iki adet karşılıklı kayma mesnedi (50) içerir. Bu nedenle, tahrik elemanları, pedal çevirme cihazının kuvvet momentini artırmak üzere krank ve zincir dişlisi arasında daha uzun bir kuvvet koluna sahiptir, böylece sürücü, pedallara, enerji tasarrufu sağlayan bir şekilde basabilir, böylelikle de sürücünün enerjisinden ve manuel çalışmadan tasarruf edilir.

26

Patent Süreçleri

Gerek buluş yapılması gerek söz konusu buluşa patent alınması ve gerekse ticarileştirme, Ar-Ge öncesi yapılacak çalışmalara bağımlıdır. **Hangi konuda Ar-Ge yapılacaktır?** Bu amaçla; sorunların saptanması, ihtiyaçların belirlenmesi ve karar verilecek konuda patent ön araştırması yapılması gerekecektir.

Dünya Fikri Haklar Örgütü WIPO tarafından açıklanan istatistiklere göre **her yıl üç milyonun üzerinde patent başvurusu** yapılmakta ve **bir milyonun üzerinde patent verilmektedir.** WIPO istatistiklerine göre, dünya çapında yaşayan, yani yasal olarak korunan, yaklaşık 13,7 milyon patent bulunmaktadır. Patent sisteminde mevcut patent başvuruları ve verilmiş patentlere ek olarak bilimsel yayınlar da başvuruların değerlendirilmesinde kullanılmaktadır. Avrupa Patenti Ofisi patent veri tabanında dünya çapında yaklaşık 110 milyon doküman vardır ve bu dokümanlara ücretsiz ulaşılabilmektedir. Patent sisteminde bu konu **"önceki teknik – prior art"** veya **"tekniğin bilinen durumu – state of the art"** olarak bilinmektedir.

Patent süreçlerinin yönetiminin önemli konularından birinin **gizlilik** olduğu belirtilebilir. Bunu sağlamak amacıyla tüm kişilerle gizlilik

99

sözleşmeleri yapılmalı ve gizliliğin sağlanması için önlemler alınmalıdır.

Patent süreçlerinde bir diğer önemli konu, yapılan çalışmaların her aşamasının kayıt edilmesinin sağlanmasıdır. Patent sistemi, yeterince açık ve tam buluşun tanımlanmasını zorunlu kıldığı için, teknik sorun ve teknik çözüm bu kayıtlara bakılarak yazılacaktır. Bu kayıtlarda özellikle yapılan deneylerde istenilen sonuçların alınmaması durumundaki kayıtlar da önemlidir ve mutlaka yazılmalıdır. Kayıtlardaki bilgilerin yansıtılacağı patent tarifnamesi önemli bir bilimsel ve teknik yayın niteliğinde olacaktır.

Patent başvuruları genellikle 18'inci ayda yayımlandığı için, süreçler öncesinde yapılan patent ön araştırmalarında, dünya çapında başvurusu yapılmış yaklaşık 5 milyon yeni patent başvurusuna ulaşım mümkün olamamaktadır. Bu nedenle Ar-Ge sürecinde, örneğin üçer aylık sürelerde, patent ön araştırmalarını yenilemekte yarar olacaktır.

Ar-Ge süreci sonrası eğer bir buluşun varlığına ve patent başvurusu yapılmasına karar verilirse mutlaka bir profesyonel patent vekili ve patent mühendislerini içeren ekibi ile çalışılmalıdır. Ticarileşme potansiyeli olduğu düşünülen buluşlar için, patent veya ticari sır koruması tercihi değerlendirilmeli ve patent tercih edildiği zaman hangi ülkelerde korunacağına, başvuru öncesi karar verilmeli ve bütçe oluşturulmalıdır.

Patent süreci, patent başvurusundan başlayan ve patent alınıncaya kadar yaklaşık **36 ay kadar süren bir süreçtir**. Bu sürecin yönetilmesi bir profesyonel vekil ve ekibi ile yapılmalıdır.

Patent Süreçleri | 101

26.1.1. Patent Süreçleri Tablosu

	HAZIRLIK AŞAMASI		BAŞVURU AŞAMASI		PATENT SONRASI İŞLEMLER
1	ARGE YAPILACAK KONUNUN SEÇİLMESİ	11	PATENT VEYA FAYDALI MODEL BAŞVURUSUNUN YAPILMASI	21	GEÇERLİLİK İÇİN HER YILLIK ÜCRETLERİN ZAMANINDA ÖDENMESİ
2	BULUŞÇU DEFTERİ VEYA LABORATUVAR DEFTERİ ALINMASI VE KULLANILMASI	12	KURUMDA ŞEKLİ ŞARTLARA UYGUNLUK İNCELEMESİ	22	BULUŞ KONUSUNUN PATENT SAHİBİ TARAFINDAN UYGULANMASI
3	ÖNCEKİ TEKNİKTEKİ ÇÖZÜLECEK SORUNLARIN SAPTANMASI	13	KARAR OLUMLU İSE KURUM TARAFINDAN ARAŞTIRMA RAPORUNUN DÜZENLENMESİ	23	UYGULANMAYAN BULUŞLAR İÇİN LİSANS VERİLMESİ
4	SORUNLARA ÇÖZÜM ÖNERİSİ VEYA ÖNERİLERİNİN BELİRLENMESİ	14	RAPOR İÇERİĞİ HAKKINDA BULUŞÇU VEYA BULUŞÇULARIN GÖRÜŞLERİNİN ALINMASI	24	UYGULANMAYAN BULUŞLARIN MÜLKİYETİNİN DEVİR EDİLMESİ
5	BULUŞUN TANIMLANMASI	15	BAŞVURUNUN TERK EDİLMESİ VEYA BAŞVURUDA DEĞİŞİKLİK YAPILMASI VE İNCELEMENİN İSTENMESİ	25	ALINAN PATENTİN DEĞERİNİN MAHKEMECE ÖLÇÜLMESİ VE AYNÎ SERMAYE OLARAK KULLANILMASI
6	BULUŞ BİLDİRİM FORMUNUN DOLDURULMASI	16	KURUM TARAFINDAN İNCELEME RAPORUNUN DÜZENLENMESİ	26	ESKİYEN TEKNOLOJİ SÖZ KONUSU İSE, PATENTİN TERK EDİLMESİ
7	ÖNCEKİ TEKNİK İÇİNDE ÖN ARAŞTIRMA YAPILMASI	17	BULUŞÇULARIN İNCELEME RAPOR İÇERİĞİ HAKKINDA YENİ GÖRÜŞLERİ		
8	BULUŞ BİLDİRİM FORMUNDAKİ ÖNERİLER İLE ÖN ARAŞTIRMA SONUCUNUN KARŞILAŞTIRILMASI	18	KARAR OLUMSUZ İSE İKİNCİ VE ÜÇÜNCÜ İNCELEMENİN İSTENİLMESİ		
9	KORUNABİLİR BİR BULUŞ OLUP OLMADIĞINA KARAR VERİLMESİ	19	OLUMSUZ KARARA GÖRE BAŞVURUNUN REDDEDİLMESİ		
10	TARİFNAME VE İSTEMLERİ YAZILMASI	20	OLUMLU KARARA GÖRE PATENT VEYA FAYDALI MODEL BELGESİNİN DÜZENLENMESİ		

27

Patent Başvuruları

Patent başvuruları, ulusal, uluslararası ve bölgesel olmak üzere üç ayrı sistemde değerlendirilmektedir. Bu sistemler arasında 12 aylık sürede geçişler söz konusu olabilmektedir. Ulusal yapılan bir patent başvurusuna dayanılarak bir Avrupa Patenti başvurusu (EP) veya uluslararası patent başvurusu (PCT) yapılabilir. Bu seçenek her üç sistem için benzerdir.

Bir başka seçenek olarak, yapılacak bir uluslararası patent başvurusunun ulusal aşamasında Avrupa Patenti ve bunun dışındaki üye ülkeler belirlenerek geçiş yapılabilir.

Türkiye'den ve aynı zamanda Avrupa Patenti sistemine üye ülkelerden patent alınması için bir başka seçenek de, yapılacak bir Avrupa Patenti başvurusunun sonuçlanmasından sonra üç ay içinde istenilen ülkelere geçiş yapılmasıdır.

27.1. Patent Başvurusu İçin Seçenekler

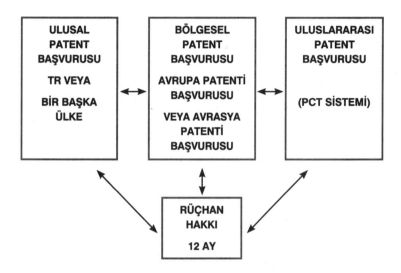

Not: Avrupa Birliği düzenlemesi olan "Unitary Patent" yürürlüğe girdiği zaman, Avrupa Patenti'nin devamında, "uluslar-üstü patent" (supra-national patent) kavramı da söz konusu olacaktır.

27.2. Ulusal Patent Başvurusu

Ulusal sistem, bir ülkeye yapılan ve yalnız o ülkede koruma istenilen başvuru sistemidir. Bir başka ülkede yapılan bir başvuruya dayalı olarak 12 aylık rüçhan hakkı süresi içinde ve rüçhan hakkı talep edilerek, diğer ülkeye başvuru yapılabilir. Eğer ilk başvuru henüz yayınlanmamış ve açıklanmamış ise, 12 aylık süre geçtikten sonra da, herhangi bir ülkeye bir ulusal patent başvurusu yapılabilir. Bu durumda 12 aylık süre geçtiği için rüçhan hakkı olmayacaktır.

Ulusal başvurular, başvuru yapılan ülkelerde birbirinden bağımsız olarak değerlendirilir. (Paris Sözleşmesi Madde 4 Mükerrer 1)

27.2.1. Türkiye'de Patent ve Faydalı Model İşlem Şeması

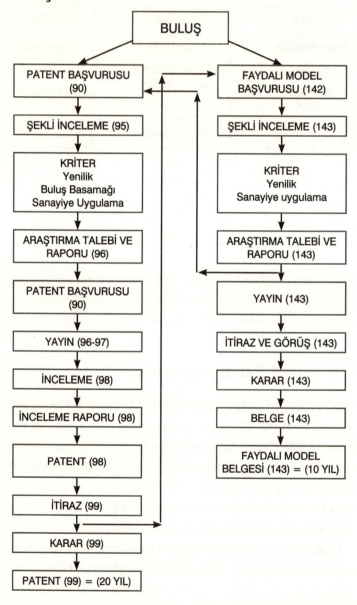

İşlem şemasındaki parantez içindeki sayılar, 6769 sayılı Kanundaki madde numaralarını ifade eder.

27.3. Patent Başvuru Sistemleri Listesi

Kısa Adı	TITLE (EN)	Adı (TR)	Üye Ülke Sayısı
PCT	Patent Cooperation Treaty	Patent İşbirliği Andlaşması	152
EPC	European Patent Convention	Avrupa Patenti Sözleşmesi	38
EAPC	Eurasian Patent Convention	Avrasya Patenti Sözleşmesi	9
UPP	Unitary Patent Protection	Uniter Patent Koruması	26
ARIPO	African Regional Intellectual Property Organization	Afrika Bölgesel Fikri Haklar Örgütü	17
OAPI	African Intellectual Property Organization	Afrika Fikri Haklar Örgütü	16
GCC	Gulf Cooperation Council Patent Office	Körfez İşbirliği Konseyi Patent Ofisi	6

Patent başvuruları ve gerekli işlemleri kolaylaştırmak amacıyla ortak başvuru yapılması ve patent verilmesine yönelik anlaşmalar söz konusudur. Türkiye bu anlaşmalardan PCT ve EPC ye üyedir. Uluslararası anlaşmalara göre, Türkiye'den diğerlerine patent başvurusu yapılması mümkündür.

27.4. Uluslararası Patent Başvurusu

1 Ocak 1996 tarihinden itibaren Türkiye'nin de üye olduğu Patent İşbirliği Andlaşması, uluslararası patent başvurusu yapılmasına olanak sağlayan bir sistemdir. Türkiye'ye başvuru yapıldıktan sonra ve 12 ay içinde, bir uluslararası patent başvurusu yapmak mümkündür. Yapılan tek başvuru ve tek işlem ile andlaşmayı onaylayan üye ülke-

lerde başvuru yapılarak koruma sağlanabilmektedir. Patent İşbirliği Andlaşması'na üye ülke sayısı 152'dir.

Bu ülkelerin listesine ve andlaşmanın ayrıntılarına aşağıdaki adreslerden ulaşılabilir:

http://www.wipo.int/treaties/en/ShowResults.jsp?lang=en&treaty_id=6 http://www.wipo.int/treaties/en/registration/pct/

WIPO istatistiklerine göre 2018 yılında yaklaşık olarak 253.000 uluslararası patent başvurusu yapılmıştır. [46]

2018 yılında, ABD (56.142), Çin (53.345), Japonya (49.702), Almanya (19.883), Kore Cumhuriyeti (17.014) uluslararası patent başvurusu ile, ilk sıralarda yer almıştır.

2018 yılında yapılan uluslararası patent başvurularının kıtalara göre dağılımı şu şekilde gerçekleşmiştir: Asya (%50,5), Avrupa (%24,5) ve Kuzey Amerika (%23,1). Çin, Japonya ve Kore Cumhuriyeti, Asya'daki sayı üstünlüğünü sağlamaktadır.

2018 yılında en çok uluslararası patent başvurusu yapan şirket, 5,405 ile Huawei Technologies ve en çok uluslararası patent başvurusu yapılan teknik alan 20.271 ile Digital Communication-Sayısal Haberleşme olmuştur.

Türkiye'nin 2018 yılı uluslararası patent başvuru sayısı (1.578) olarak gerçekleşmiştir. [47]

Uluslararası patent başvurusu sisteminde, uluslararası aşamada yapılan yayım, araştırma ve ön inceleme işlemlerinden sonra, önceden belirlenen ülkelerde ulusal aşamaya geçilerek, ulusal patentler talep edilebilmektedir.

Bu sistemde uluslararası patent verilmesi söz konusu değildir. "Uluslararası Patent" veya "Dünya Patenti" olarak bir uygulama yoktur. Patent belgesi ikinci aşamada ulusal ofisler tarafından verilmektedir. İlk başvuru tarihinden itibaren ulusal aşamaya geçişe kadar,

---

46 https://www.wipo.int/pct/en/
47 https://www.wipo.int/export/sites/www/pressroom/en/documents/pr_2019_830_annex.pdf#annex1

rüçhan hakkı tarihinden başlayan yaklaşık 30 ay süreyle (bazı ülkelerde bu süre daha kısa veya daha uzundur), uluslararası patent başvurusu koruma sağlamaktadır. Buradaki koşul 30 aylık sürede, ilgili ülkeye veya organizasyona giriş yapılmasıdır. Uluslararası patent başvuru işlemleri ile ilgili olan ve 152 ülkenin üye olduğu bu Andlaşmaya Türkiye, 7.7.1995 tarihli 4115 sayılı Kanunla, 1.1.1996 tarihi itibariyle üye olmuştur. [48] PCT kapsamında yapılan uluslararası patent başvurularının organizasyonu Dünya Fikri Haklar Örgütü WIPO'nun Uluslararası Bürosu tarafından yürütülmektedir. Türk Patent ve Marka Kurumu, bu Andlaşma çerçevesinde Kabul Ofisi, Araştırma ve Ön İnceleme Yetkilisi olarak görev yapmaktadır.

27.4.1. Uluslararası Patent Başvurusu İşlem Şeması

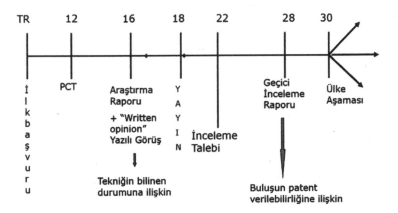

---

48 http://www.wipo.int/export/sites/www/treaties/en/documents/pdf/pct.pdf

27.5. Avrupa Patenti Başvurusu [49]

Türkiye, Avrupa Patenti Sözleşmesi'ne 1 Kasım 2000 tarihinde katılmıştır. Avrupa Patenti, sözleşmeye üye ülkelerden, başvuru sahibi tarafından belirlenen ülkelerde geçerli patent koruması sağlayan bir bölgesel patent sistemi olup, Avrupa Patenti düzenlendikten sonra, istenilen ülkeye giriş yapılarak, buluşlar her ülkenin ulusal patentiyle korunmaktadır.

Avrupa Patenti sistemine 38 ülke üyedir. 2 ülke bu sistemi ulusal olarak uygulamaktadır.

Avrupa Patenti Sözleşmesi Türkiye'nin de kurucu üyesi olduğu bir bölgesel sözleşme olup, Avrupa Birliği düzenlemesi değildir.

Avrupa Patentinin amacı, üye devletlerde buluşların korunmasını basitleştirmek, ucuzlatmak ve güçlendirmektir. Patent İşbirliği Andlaşması, başvuru işlemlerinde merkezileştirmeyi sağlarken, Avrupa Patenti başvuru işleminin yanı sıra patent verilmesi işleminin de merkezileştirilmesi sağlanmıştır. Yapılan bir patent başvurusuna ilişkin tüm işlemler Avrupa Patenti Ofisi'nde gerçekleştirilir. Şekli şartlara uygunluk incelemesi, araştırma ve inceleme işlemleri sonucunda, patent verilebilirlik koşullarını sağlayan bir patent başvurusuna Avrupa Patenti verilir. Avrupa Patenti Sözleşmesi'ne üye 38 ülke için, patentin verildiğinin yayınlandığı tarihten başlayan üç aylık süre içinde, patent sahibinin 38 ülkeden önceden tercih ettiği ülkelere geçerlilik başvurusu (validation) yapması gerekir. Avrupa Patenti'nde tüm işlemler Avrupa Patenti Ofisi'nde tamamlandığı için, geçiş yapılan ülkelerde Avrupa Patenti, herhangi bir işlem yapılmadan –bazı ülkeler kendi dillerine çeviri yapılmasını istemektedir– ulusal patent siciline kayıt edilir.

Avrupa Patenti sisteminde Avrupa Patenti verildikten sonra ve 9 ay içinde, verilen patente üçüncü kişilerin itiraz hakkı vardır. İtirazların haklılığı kanıtlanırsa verilen Avrupa Patenti iptal edilmektedir.

---
49 http://www.epo.org/about-us/epo/member-states.html

27.5.1. Avrupa Patenti İşlem Şeması

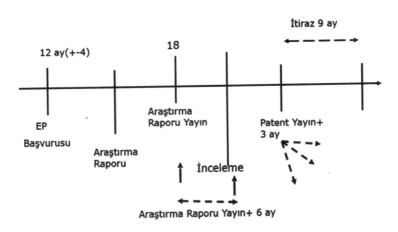

27.6. Avrasya Patenti Başvurusu [50]

Avrupa Patenti sistemine benzer bir sistem olan Avrasya Patenti sistemi, Rusya ve eski Sovyetler Birliği bünyesindeki ülkelerde uygulanmaktadır. (Ermenistan, Moldova, Kırgızistan, Türkmenistan, Belarus, Tacikistan, Rusya Federasyonu, Kazakistan, Azerbaycan)

27.7. Avrupa ve Avrasya Patenti Sayıları Karşılaştırılması (2017 Yılı)

Ofis	Patent Başvurusu	Uluslararası Patent Başvurusu (PCT)
Avrasya Patent Organizasyonu (EAPO)	3.302	2.523
Avrupa Patenti Ofisi (EPO)	166.585	98.431

---

50 http://www.eapo.org/en/documents/norm/convention_txt.html

Yukarıdaki tabloda EAPO ve EPO'ya yapılan başvurular, bu ofislerden yapılan uluslararası patent başvuru sayıları ve aşağıdaki tabloda, EAPO ve EPO'dan patent sayıları verilmiştir.

Ofis	Verilen Patent	Yerli	Yabancı
Avrasya Patenti Organizasyonu (EAPO)	3.282	616	2.666
Avrupa Patenti Ofisi (EPO)	105.645	50.662	54.983

2017 yılı istatistiklerine göre düzenlenen İki tablodaki veriler, Avrupa Patenti sayılarının Avrasya Patenti sayılarından çok yüksek olduğunu göstermektedir.

2017 yılında Rusya Federasyonu'nda 36.883 patent başvurusu yapılmıştır. Bu sayının 22.777 kadarı yerli ve 16.106 kadarı yabancı başvurudur. Rusya Federasyonundaki sayılar Avrasya Patenti başvurularına yansımamaktadır.

28

Araştırma Raporu

Bir buluş iddiasına patent verilebilmesi için, söz konusu buluşun patent verilebilirlik ölçütlerini karşılayıp karşılamadığının belirlenmesi gerekir.

Başvuru tarihi kesinleşmiş ve şekli şartlara uygunluk açısından incelenmesi tamamlanmış bir patent başvurusunun yenilik, sanayiye uygulanabilirlik ve bir buluş basamağı içermek ölçütleri açısından incelenebilmesi için, başvuru tarihinden önceki dokümanlar arasında bir araştırma yapılması ve patent istemlerinde belirtilen unsurlar ile araştırmada bulunan en yakın dokümanların karşılaştırılması gerekir. Bu karşılaştırma sonucunda, şekli belirlenmiş uluslararası kurallara göre, bir araştırma raporu düzenlenecektir.

Bu raporda, araştırmada saptanan önceki teknikte yer alan en yakın dokümanlar, bu dokümanların kategorisi, ilgili istemlerin numaraları yazılır. Bulunan en yakın dokümanların kopyaları eklenir. Raporda ayrıca, kategori seçiminin gerekçeleri, açık ve yeterli olmayan ifadeler, buluşun bütünlüğü kuralına uygun olmayan istemler belirtilecektir.

Aşağıdaki tablo klasik bir Avrupa Patenti başvurusunun dört ana işlemini göstermektedir. [51]

Filing and formalities examination	Search report with preliminary opinion on patentability	Substantive examination	Grant of the European patent

İlk işlem olan "başvuru ve şekli şartların incelenmesi" işleminden sonra düzenlenen "patent verilebilirlik ön görüşü için araştırma raporu", salt bir araştırma raporu olmayıp, patent verilebilirlik için gerekli uyarıları da sunar.

Araştırma raporu, patent başvurusu yapan kişiye, tarifnameyi ve özellikle istemleri gözden geçirmek fırsatı verir. Tarifnamede ve istemlerde, buluşun kapsamını aşmamak koşuluyla değişiklik yapılması mümkündür.

Araştırma raporu, patent başvuru ile birlikte veya patent başvurusu önceden yayınlanmışsa ayrıca yayımlanır. Yayım üçüncü kişilerin bilgilendirmesi amacına yöneliktir.

Başvuru sahibi, araştırma raporunda belirtilen uyarılara göre, tarifname ve istemlerinde gerekli düzeltileri yaparak, esas incelemeyi talep edebilir.

Gerek başvuru sahibi tarafından yapılan değişiklikler ve gerekse üçüncü kişilerin görüş ve itirazları, inceleme talebinin değerlendirilmesi aşamasında dikkate alınır.

Avrupa Patenti başvurusu veya uluslararası patent başvurusu sistemlerinde, ilk başvurudan sonra herhangi bir işleme gerek olmadan araştırma raporu düzenlenir.

Avrupa Patenti sisteminde, yapılacak inceleme işleminden sonra, rapor olumlu ise, Avrupa Patenti verilir.

---

51 https://www.epo.org/law-practice/unitary/unitary-patent/applying.html

28.1. Kategoriler

Uluslararası Patent ve Avrupa Patenti başvurularında, patent başvuruları için düzenlenecek araştırma raporlarında, belirli harflerle ifade edilen bir kategori sistemi uygulanmaktadır.

Bu sistem, patent talep edilen buluşun istemlerinin, önceki teknikteki en yakın dokümanlar ile ilişkisini tanımlamaktadır. Bir araştırma raporunda (A) kategorisi belirtilmiş ise, önceki teknikteki en yakın dokümanların, tekniğin bilinen durumunu tanımlayan dokümanlar olduğu anlaşılır. (X) kategorisinde buluşun yeni olmadığı veya buluş basamağı içermediği, (Y) kategorisinde ise buluş basamağı içermediği anlaşılır.

28.2. Araştırma Raporunda Belirtilen Belgelerin Özel Kategorileri

Kategori A
Tekniğin bilinen genel durumunu tanımlayan, patent istenen buluşla özel bir ilgisi bulunduğu düşünülmeyen belge.

Kategori E
Uluslararası patent başvurusu tarihinde veya bu tarihten sonra yayınlanan önceki tarihli bir patent başvurusu veya patent.

Kategori L
Rüçhan taleplerine ilişkin kuşku yaratabilen veya bir diğer alıntının yayın tarihini veya bir başka özel nedeni ortaya koymak amacıyla belirtilen belge.

Kategori O
Sözlü açıklama, kullanım, sergileme veya diğer açıklama yollarına atıfta bulunan belge.

Kategori P
Uluslararası patent başvurusu tarihinden önce ancak talep edilen rüçhan tarihinden sonra yayınlanan belge.

Kategori T
Uluslararası patent başvurusu tarihinden veya rüçhan tarihinden sonra yayınlanan, başvuru ile uyuşmazlık içinde olmayan ancak buluşun temelini oluşturan ilke veya kuramın anlaşılması için belirtilen sonraki tarihli bir belge.

Kategori X
Özel bir ilgisi bulunan belge; belge tek başına ele alındığında, patent başvurusu yapılan buluşun yeni olduğu veya bir buluş basamağı içerdiği kabul edilemez.

Kategori Y
Özel bir ilgisi bulunan belge; belgenin bir veya daha çok bu gibi diğer belgeler ile birleştirildiği ve söz konusu birleşimin teknikte uzman bir kişi için aşikâr olduğu durumda, patent başvurusu yapılan buluşun bir buluş basamağı içerdiği kabul edilemez.

Kategori &
Aynı patent ailesine üye belge.

28.3. Araştırma Raporlarında En Çok Kullanılan Kategoriler

28.3.1. Kategori (A)

Tekniğin bilinen genel durumunu tanımlayan, patent istenen buluşla özel bir ilgisi bulunduğu düşünülmeyen belge. Araştırma Raporunda A kategorisinde dokümanlar belirtilmiş ise, buluşun, yeni ve sanayiye uygulanabilir olduğu ve bir buluş basamağı içerdiği kabul edilecektir.

28.3.2. Kategori (X)

Araştırma raporlarında eğer bir buluşun yeniliğini veya buluş basamağını tek başına etkileyecek bir doküman söz konusu ise, bu (X) kategorisinde belirtilir.

Özel bir ilgisi bulunan belge. Belge tek başına ele alındığında, patent başvurusu yapılan buluşun yeni olduğu veya bir buluş basamağı içerdiği kabul edilemez.

28.3.2.1. Uluslararası Araştırma Raporu (X) Örneği EP 3190190 [52]

Bu raporda 21 adet istemi bulunan patent başvurusunun tüm istemleri için (X) ve (P) kategorisi belirtilmiştir. Rapora göre tüm istemler yeni değildir veya bir buluş basamağını içermez. (P) kategorisi özel bir durumu belirtir. Uluslararası patent başvurusu tarihinden önce, ancak talep edilen rüçhan tarihinden sonra yayınlanan dokümandır. Rüçhan hakkı nedeniyle yeniliği etkilemeyecektir.

52 https://worldwide.espacenet.com/publicationDetails/originalDocument?CC=EP&N-R=3190190A1&KC=A1&FT=D&ND=3&date=20170712&DB=&locale=en_EP#

28.3.3. Kategori (Y)

Araştırma raporlarında eğer bir buluşun yalnız buluş basamağı içermesini etkileyecek dokümanlar söz konusu ise, bu (Y) kategorisinde belirtilmektedir.

Özel bir ilgisi bulunan belge. Belgenin bir veya daha çok bu gibi diğer belgeler ile birleştirildiği ve söz konusu birleşimin teknikte uzman bir kişi için aşikâr olduğu durumda, patent başvurusu yapılan buluşun bir buluş basamağı içerdiği kabul edilemez.

28.3.4. (Y) ve (X) Kategorileri Arasındaki Fark

(Y) kategorisi olarak belirtilen buluş basamağı ölçütünün, (X) kategorisinden farkı, (Y) kategorisinde tek başına ele alınacak bir dokümanın olmamasıdır. Bir başka ifade ile, bir patent başvurusuna ilişkin araştırma raporunda yalnız (Y) kategorisinde dokümanlar belirtilmiş ise, buluş basamağı içermesi kabul edilemez. Ancak buluş için "yenidir" denilebilir.

28.3.5. Avrupa Araştırma Raporu (Y) Örneği EP12152647 [53]

| | EUROPEAN SEARCH REPORT | | Application Number EP 12 15 2647 |

	DOCUMENTS CONSIDERED TO BE RELEVANT			
Category	Citation of document with indication, where appropriate, of relevant passages		Relevant to claim	CLASSIFICATION OF THE APPLICATION (IPC)
Y	JP H01 221824 A (MATSUSHITA ELECTRIC IND CO LTD) 5 September 1989 (1989-09-05) * figure 3 * -----		1-24	INV. H01H13/78 H01H13/702
Y	EP 0 557 742 A1 (TELEFUNKEN MICROELECTRON [DE]) 1 September 1993 (1993-09-01) * the whole document * -----		1-24	
A	JP H06 58537 U (-) 12 August 1994 (1994-08-12) * figure 2a * -----		1-24	
A	DE 37 38 817 A1 (AMALGAMATED WIRELESS AUSTRALAS [AU]) 16 June 1988 (1988-06-16) * figure 1 * -----		1-24	
A	EP 1 152 443 A (NOKIA MOBILE PHONES LTD [FI] NOKIA CORP [FI]) 7 November 2001 (2001-11-07) * figures 11-13 * -----		1-24	
				TECHNICAL FIELDS SEARCHED (IPC) H01H

Bu raporda 24 istemi bulunan patent başvurusunun tüm istemleri için (Y) ve (A) kategorileri belirtilmiştir. Rapora göre tüm istemlerin bir buluş basamağı içermesi kabul edilemez. Söz konusu istemlerin tümü için ayrıca (A) kategorisinde dokümanlar da gösterilmiştir. Bu dokümanlar, tekniğin bilinen genel durumunu tanımlayan, patent istenen buluşla özel bir ilgisi bulunduğu düşünülmeyen dokümanlardır.

Bu tür araştırma raporlarında, rapor içerikleri ile başvurunun istemleri karşılaştırılır ve raporun içeriğine itiraz edilebilir. Eğer mümkün ise, istemlerde kapsamı aşmayacak şekilde değişiklikler ve düzeltmeler yapılarak, inceleme istenebilir.

---

53 https://register.epo.org/application?documentId=EV1XZ26P3963FI4&number=EP12152647&lng=en&npl=false

28.3.6. Kısmen Yeni Araştırma Raporu Örneği

Category	Identity of document and relevant passages		Relevant to claim(s)
X	GB 2265597 A	(HOLYOAKE) whole specification relevant	1,3,7-9
X	GB 2204554 A	(SHIH-CHIANG CHEN) whole specification relevant	1,3,7-9
X	GB 2127376 A	(PASQUALE) whole specification relevant	1-5,7-9
X	GB 1093198	(BLECHDOSEN UND ALUMINIUMWARENFABRIK LOUIS SAUTER AG) whole specification relevant	1-3,7-9
X	GB 969463	(WILKIE & PAUL LTD) whole specification relevant	1-3,7-9
X	GB 965932	(SHIRES) whole specification relevant	1-3,7-9
X	GB 811969	(PAULUCCI) whole specification relevant	1-5,7-9
X	GB 787783	(SIMMENTHAL MERIDIONALE S.R.L.) whole specification relevant	1,3,7-9
X	GB 362734	(SAVAGE) whole specification relevant	1,3,7-9

Bu raporda, patent alınmak istenen buluş için, en yakın dokümanlar olarak (X) kategorisinde dokuz doküman belirtilmiştir. Patent başvurusunda 10 istem bulunmaktadır. (X) Kategorisinde gösterilen en yakın dokümanlar için, ilgili istemlerden yalnız 1-5 ve 7-9 istemler ilgili olarak belirtilmiştir.

Bu raporun yorumu, 6'ncı ve 10'uncu istemler belirtilmediği için, bunlara ilişkin doküman bulunamamış olmasıdır. Başvuruyu yapana veya buluşçuya göre, bu iki istem yeni ve buluş basamağı içermektedir.

Burada yapılacak işlem, 6'ncı ve 10'uncu istemler esas alınarak, istemleri yeniden düzenlemek ve inceleme raporunu talep etmektir. Önceki teknik olarak belirtilen en yakın dokümanların hiçbirinde, başvuruda bulunan bir teknik özellik yer almamıştır. Bu teknik özellik esas alınarak, istemler 1-6 olarak yeniden düzenlenmiş ve olumlu rapor alınmıştır.

29

İnceleme Raporu

Patent başvurusunun son aşaması inceleme işlemidir. İnceleme işlemini başlatılması için, patent verilmesi için tüm koşulların sağlanması gerekir.

Araştırma raporunun yayımlanması, üçüncü kişilerin olası görüşlerinin ifade edilmesi, başvuru sahibinin gerek araştırma raporu ve gerekse üçüncü kişilerin olası görüşlerine karşı görüşlerini bildirmesi, başvuru sahibinin gerektiğinde istemlerde değişiklik yapması ve incelemenin talep edilmesi başlıca koşullar olarak sayılabilir.

İnceleme işlemlerinde uluslararası standartlar uygulanır. İncelemenin amacı, buluşun yeni ve sanayiye uygulanabilir olup olmadığı, bir buluş basamağı içerip içermediğinin saptanmasıdır.

İnceleme raporunda, istemler esas alınarak; yenilik, sanayiye uygulanabilirlik ve buluş basamağı ölçütlerinin, "evet" veya "hayır" karşılığı belirtilir. Açıklama bölümünde istemler için "evet" veya "hayır" yorumlarının gerekçeleri yazılır. "Evet" veya "hayır" yorumları tüm istemler için olabileceği gibi, bazı istemler için "evet" ve bazı istemler için "hayır" olabilir.

İnceleme raporundaki olumsuz sonuçlar nedeniyle, başvuru sa-

119

hibi gerekçeli görüşlerini ileri sürerek ve gerekli görürse istemlerde değişiklik yaparak, ikinci veya üçüncü incelemeyi isteyebilir. İnceleme raporunun olumlu olması durumunda patentin verilmesine karar verilir.

29.1. Üçüncü Kişilerin İtirazları

Üçüncü kişiler, patentin verilmesi kararının Bülten'de yayımlanmasından itibaren altı ay içinde itiraz edebilir. İtirazlar Kurum tarafından değerlendirilir. İtiraz işlemleri aşamasında, itiraz reddedilebilir, patent sahibinin değişiklik yapması gerekebilir veya verilen patent iptal edilebilir.

29.2. İnceleme Raporu Örneği [54]

INTERNATIONAL PRELIMINARY EXAMINATION REPORT		International application No. PCT/US99/07723
V. Reasoned statement under Article 35(2) with regard to novelty, inventive step or industrial applicability; citations and explanations supporting such statement		
1. STATEMENT		
Novelty (N)	Claims 1-6	YES
	Claims NONE	NO
Inventive Step (IS)	Claims 1-6	YES
	Claims NONE	NO
Industrial Applicability (IA)	Claims 1-6	YES
	Claims NONE	NO
2. CITATIONS AND EXPLANATIONS		
Claims 1-6 meet the criteria set out in PCT Article 33(2)-(4), because the prior art does not teach or fairly suggest the specific set of compounds as specific inhibitors of cysteine proteinases of disease causing parasites. Such inhibitors may prove to be useful therapeutics for the treatment of parasitic diseases where the disease causing organisms depend on a critical cysteine proteinase.		
------- NEW CITATIONS ------- NONE		

Raporda 1 ila 6 sayılı tüm istemlerin yeni, bir buluş basamağı içerir ve sanayiye uygulanabilir olduğu «YES» ifadesi ile belirtiliyor. Bu rapor buluş iddiasına patent verileceği anlamındadır.

---
54 https://www.turkpatent.gov.tr/TURKPATENT/resources/temp/522B990B-E529-4378-8287-66E77494B4FA.pdf

30

Hakların Korunması

"Patent" veya "faydalı model belgesi" veya "ticaret sırları" seçenekleri kapsamında korumadan yararlanmak için, dört temel kavramdan söz edilebilir:

30.1. Sahiplik

Bir buluşu yapan o buluşun sahibidir. Buluş sahibi buluşunun korunmasında mevcut üç seçenekten birini seçebilir. Ancak, buluşu yapanın bağımsız bir buluşçu olması veya eğer çalışan ise, buluşun kendisine serbest bırakılması gerekir. Bağımsız buluşçunun buluşu için veya kendisine serbest bırakılmış bir buluş için buluşçunun bir karar vermesi ve üç seçenekten birini uygulaması gerekir.

Buluşçu her üç seçenek için seçimini serbestçe yapabilir. 6769 sayılı SMK hükümlerine göre, yasal hükümlere ve işlemlerdeki gelişmelere göre, patent başvurusunu faydalı model başvurusuna veya faydalı model başvurusunu patent başvurusuna dönüştürebilir. Ticaret sırlarında buluşun gizli tutulması sağlanmış ise, istenilen bir aşamada, patent veya faydalı model başvurusu yapılabilir.

30.2. Devir veya Aynî Sermaye veya Şirketlerin Birleşmesi

30.2.1. Devir

Bu seçenekte, buluş üzerinde tasarruf yetkisi bulunan gerçek veya tüzel kişiler, patent veya faydalı model başvurusu veya belgelerini bir başka gerçek veya tüzel kişiye devir edebilir. Bir patent veya faydalı model başvurusu ve belgelerinde, birden çok hak sahibi olabilir. Ayrıca tek sahipli patent veya faydalı model başvurusu ve belgeleri üzerindeki hakların tümü veya bir kısmı devir edilebilir. Bu durumda tek sahip yerine iki sahip söz konusu olur. Birden çok kişinin hak sahipliği söz konusu olduğunda, patent veya faydalı model başvurusu ve belgelerinin bölünmesi mümkün değildir. İşlemler, hak sahipliği değişikliği olarak tek bir başvuru veya belgenin sicilinde yapılır. (SMK 112/3)

Devir işlemlerinde koşul yoktur. Hakları devir alan kişi, münhasır haklardan serbestçe yararlanabilir.

Yasal düzenlemeler uyarınca, devir işleminin yazılı olması ve noterden onaylanması gerekir. (SMK 148/4)

24.04.2017 tarihli Yönetmelik'te (Yön. 125/2), patent devir bedelinin, devir sözleşmesinde belirtilmesi veya talep formunda beyan edilmesi zorunluluk olarak yazılmıştır.

Patent sisteminde devir işlemine ilişkin diğer konular:

- Patent gerçek hak sahibinden başkasına verilmişse, gerçek hak sahibi patentin kendisine devir edilmesini mahkemeden talep edebilir.
- İşçi ile işveren arasındaki ilişkilerde, işverenin kısmi hak talep etmesi durumunda, işçi hakların tümünün kendisine devir edilmesini isteyebilir.
- İşveren, kendi adına yapılan patent başvurusundan vazgeçmek isterse, hakları işçiye devir edebilir.

- İşverenin iflası durumunda, işçi ön alım hakkını kullanarak buluşun kendisine devir edilmesini isteyebilir.
- Tekel sahibi patent konusu buluşun kullanımını elde etmek için, patent sahibinden izin vermesini talep ederse, patent sahibi ondan patenti devir almasını isteyebilir.
- Patent üzerinde birden çok kişi hak sahibi ise ve hak sahiplerinden biri kendi payını üçüncü bir kişiye devir etmek isterse, diğer pay sahipleri önalım haklarını kullanarak patentteki payın kendilerine devir edilmesini isteyebilirler.

30.2.2. Aynî Sermaye

Patent veya faydalı model belgesinin, mahkemeden değer tespiti yapılarak, bir şirkete aynî sermaye olarak konulması mümkündür. Aynı yöntem sermaye artırımı aşamasında da uygulanabilir. (Türk Ticaret Kanunu madde 127/1)

Türk Ticaret Kanunu, Anonim Şirketler için madde 343 ve Limited Şirketler için madde 581 hükümlerinde, aynî sermaye olarak konulmayı açıklamaktadır.

Aynî sermayede değer biçilmesi işleminde, mahkemece atanacak bilirkişilere görev verilmiştir. Kanunun ilgili maddesi şu şekildedir: "Şirket merkezinin bulunacağı yerdeki asliye ticaret mahkemesince atanan bilirkişilerce değer biçilir." (madde 343)

Patent ve faydalı model belgesinin aynî sermaye işlemlerinde kullanılması için, her iki belgenin de alınmış olması gerekir. Patent veya faydalı model başvurusu aşamasında aynî sermaye seçeneği kullanılamaz.

30.2.3. Şirketlerin Birleşmesi

Şirketler, "devralma şeklinde birleşme" veya "yeni kuruluş şeklinde birleşme", yoluyla birleşebilir. Birleşmeyle, devralan şirket devrolunan şirketin malvarlığını bir bütün hâlinde devralır. (TTK madde 136) Devrolunan şirketin mal varlığına dâhil olan patent veya faydalı model başvuruları ve belgeleri de devir kapsamında kabul edilir.

Not: Gerek aynî sermaye konulması ve gerekse şirketlerin birleşmesi işlemlerinde, patent veya faydalı model başvuruları ve belgelerinin geçişlerinde devir sözleşmesi imzalanmasına gerek yoktur. Yapılan işlemlere ilişkin Türkiye Ticaret Sicili Gazetesi'nde yayınlanan kararlar yeterlidir.

30.2.4. Rehin

6750 sayılı Ticari İşlemlerde Taşınır Rehni Kanunu ve 6769 sayılı Sınai Mülkiyet Kanunu, fikri haklar konusunda rehin işlemlerine ilişkin olarak hükümler içermektedir.

Sınai Mülkiyet Kanunu'nun 148 inci ve ilgili Yönetmeliğin 127 inci maddesinde, hukuki işlemler arasında rehin konusu da belirtmiştir.

6769 sayılı Kanunun Uygulanma Şeklini Gösterir Yönetmeliğin 127 inci maddesinin 2 nci fıkrasında, "Türk Patent'te sicile kayıt edilen rehinler, 6750 sayılı Ticari İşlemlerde Taşınır Rehni Kanunu uyarınca kurulan Rehinli Taşınır Siciline de bildirilecektir" hükmü yer almıştır.

6750 sayılı Kanunun 5 inci maddesi "Üzerinde rehin hakkı kurulabilecek taşınır varlıklar" arasında "Patent ve Faydalı Model Belgelerini de kapsayan, fikri hak konuları da yer almıştır.

Rehin bir borcun ödenmesini veya ifa edilmesini güvence altına almak amacıyla, taşınır varlık üzerinde zilyetliğin devrine gerek olmaksızın, tesis edilen sınırlı bir hak olarak açıklanmıştır.

6769 sayılı Sınai Mülkiyet Kanunu hükümlerine göre Türk Patent ve Marka Kurumu tarafından, gerekli işlemleri yapıldıktan sonra, verilen patent veya faydalı model belgeleri de rehin işlemine konu olacaktır.

Taraflarca düzenlenen Rehin Sözleşmesi ve kayıt-yayım ücretinin ödendiğini gösteren belge ile Türk Patent ve Marka Kurumu'na başvurulduğunda, rehin işlemi patent veya faydalı model siciline kayıt edilecektir. Alacağın ve rehin sözleşmesi süresinin sona ermesi, patent veya faydalı modelin icra yoluyla satılması, alacaklıların terkine ilişkin talep formu ile talepte bulunması durumunda rehin işlemi sona erer.

Sınai haklar kapsamındaki konularda rehin işlemlerine ilişkin 2017 yılında yürürlüğe giren 6750 ve 6769 sayılı Kanunların her ikisinde de hükümler bulunmaktadır. 6769 sayılı Kanuna göre Türk Patent ve Marka Kurumu'nda patent siciline kayıt edilen bir rehin işleminin, Rehinli Taşınır Siciline de bildirileceği belirtilmiştir. Doğrudan Rehinli Taşınır Siciline bildirilen ve sicile kayıt edilenlerin de Türk Patent ve Marka Kurumu bünyesindeki sicillere bildirilmesi gerekir.

31

Lisans (Sözleşmeye Dayanan Lisans)

Patent veya faydalı model başvuru ve belgelerinden bir başka yararlanma konusu, "Kiraya Vermek veya Almak" olarak açıklanan lisans konusudur. Devir işlemlerinde koşul olmamasına karşılık, lisans işlemlerinde, kullanım süresi, kullanım koşulları, münhasır (inhisari) olan veya münhasır (inhisari) olmayan, vb. gibi, koşullar belirlenebilir.

Lisans işleminin önemli bir ayrıntısı, lisansın münhasır (inhisari) olan veya münhasır (inhisari) olmayan olarak verilebilmesidir. Çok önemli olan bu ayrıntının gözden kaçırılması büyük sorunlara yol açabilmektedir.

Münhasır lisansta, hak sahibi lisans verdiği buluşu kendisi kullanamayacağı gibi, aynı konuda bir başka kişiye de lisans veremez.

Münhasır olmayan lisansta, hak sahibi buluşu kendisi de kullanabilir ve ayrıca bir başka kişiye de lisans verebilir.

Bu kavramlar, "exclusive license", "non-exclusive license" olarak bilinir.

Lisans (Sözleşmeye Dayanan Lisans) | 127

6769 sayılı Sınai Mülkiyet Kanunu, *"Sözleşmede aksi kararlaştırılmamışsa lisans, inhisari değildir"* hükmü ile konuya açıklık getirmiştir (madde 125). Sözleşmede hüküm olmaması lisansın münhasır (inhisari) olmadığı anlamına gelecektir.

Münhasır lisans işleminde, hak sahibi kişisel olarak kullanma hakkını açıkça saklı tutmadıkça kendisi de patent konusu buluşu kullanamayacaktır.

Lisans işlemlerinde önemli olan bazı hükümler şunlardır:

- Lisans alan lisans sözleşmesindeki koşullara uymak zorundadır. Aksi durumda lisans veren dava açabilir.
- Lisans süresinde, lisans veren patent veya faydalı model belgesi korumasından vazgeçemez.
- Sözleşmede aksi kararlaştırılmamışsa, lisans sahiplerine verilmiş haklar, izinsiz genişletilemez veya üçüncü kişilere alt lisans veremez.
- Lisans, iyi niyetli üçüncü kişilere karşı, sicile kayıt tarihinden itibaren geçerlidir.
- Sözleşmeye dayalı lisans işleminin patent veya faydalı model siciline kayıt edilmemesi, lisans veren ile lisans alan arasında geçerliliği etkilemez. Ancak lisans alan, üçüncü kişilere karşı haklarını ileri süremez.

32

Zorunlu Lisans

Patent sisteminde, sözleşme lisansına ek olarak, zorunlu lisans uygulaması söz konusudur. Sanayicilerimiz için önemli bir yararlanma şekli olan bu konu, 6769 sayılı Sınai Mülkiyet Kanunu'nda özel olarak düzenlendiği hâlde, Türkiye'de iyi bilinmemektedir. (6769 SMK, maddeler 129-137)

Kullanılmayan patentin iptal edileceği bilgisi, yanlış bilinen bir konudur. Patentin kullanılmaması yalnız zorunlu lisans konusu olabilir. Kullanılmama nedeniyle iptal söz konusu değildir.

Zorunlu lisans, patent konusu buluşun kullanılmaması ve patent konularının bağımlılığı durumlarında mahkemeden talep edilebilir.

Kullanılmama dolayısıyla zorunlu lisans talep eden, patent sahibinden sözleşmeye dayalı lisans istemesi ve alamaması durumunda, zorunlu lisansı mahkemeden talep edebilir.

Patent konusu buluşun kullanılmamasının veya nitelik veya nicelik bakımından yetersiz kullanılmasının ülkenin ekonomik veya teknolojik gelişimi bakımından ciddi zararlara sebep olacağı durumlarda, ilgili Bakanlığın teklifi üzerine Bakanlar Kurulunca, kamu yararının bulunması gerekçesi ile zorunlu lisans verilebilir.

Patent sahibi rekabeti engelleyici faaliyette bulunursa, zorunlu lisans Rekabet Kurumu'ndan talep edilebilir.

Kullanılmama durumunda zorunlu lisans için, patent konusu buluşun, patentin verilmesi kararının yayımından itibaren üç yıl, patent başvurusu tarihinden itibaren dört yıl geçmesi gerekir.

Patent konusu buluş, önceki patent konusu bir buluşa bağımlı ise, önceki patentin kullanımı için mahkemeden zorunlu lisans istenebilir.

Patent konuları arasında bağımlılık olması hâlinde, sonraki tarihli patentin sahibi, patent konusu buluşunu kullanmak için, buluşunun önceki tarihli patent konusu buluşa göre büyük ölçüde ekonomik yarar sağlayan önemli bir teknik ilerleme göstermesi şartıyla, zorunlu lisans verilmesini talep edebilir.

Sonraki tarihli patentin sahibine zorunlu lisans verilmişse, önceki tarihli patentin sahibi de sonraki tarihli patent konusu buluşu kullanmak için zorunlu lisans verilmesini talep edebilir.

33

Serbest Kullanım

Buluşlara 20 yıllık patent veya 10 yıllık faydalı model belgesi verilmesi, tanınan hakların zamanla sınırlı olduğunu gösterir. Yıllık ücretlerin ödenmemesi, hak sahibinin haklarından vazgeçmesi, mahkeme kararı ile hükümsüzlük ve tanınan sürenin sona ermesi durumlarında, verilmiş patent veya faydalı model belgesi ile tanınan koruma sona erer. Koruma süresi sona eren buluş, herkes tarafından serbestçe kullanılabilir.

34

6769 sayılı Sınai Mülkiyet Kanunu

6769 sayılı Sınai Mülkiyet Kanunu 10 Ocak 2017 tarihinde Resmî Gazete'de yayımlanarak yürürlüğe girmiştir. 5 kitap, 193 madde, 6 geçici madde ve 781 fıkradan oluşan bu Kanun, Kanun Hükmünde Kararnamelerden oluşan önceki yasal düzenlemelerdeki hükümlerin bazılarını aynen almış, bazı konuları değiştirmiş ve bazı yeni konular eklemiştir. Bu kitabın konusu, bu Kanunun Dördüncü Kitabında, 82 ila 145'inci maddelerde yer almıştır.

Ortak hükümlerde ilgili bazı maddeler de vardır.

Kanunun uygulanma şeklini gösterir Yönetmeliklerden ikisi konumuzla doğrudan ilgilidir.

- 24.04.2017 Tarihli Resmî Gazete'de Yayımlanan 6769 Sayılı Sınai Mülkiyet Kanununun Uygulanmasına Dair Yönetmelik.
- 29.09.2017 Tarihli Resmî Gazete'de Yayımlanan Çalışan Buluşlarına, Yükseköğretim Kurumlarında Gerçekleştirilen Buluşlara ve Kamu Destekli Projelerde Ortaya Çıkan Buluşlara Dair Yönetmelik.

(08.07.2019 tarihli ve 30825 1. Mükerrer sayılı Resmi Gazete yayımlanan Yönetmelik ile 24.04.2017 tarihli Yönetmeliğin bazı maddelerinde değişiklik yapılmıştır.)

34.1. Patentin Verilmesine İtiraz

Eski ve yeni sistemler arasındaki önemli bir değişiklik, patentin verildiğinin yayınlanmasından sonra, üçüncü kişiler için, itiraz mekanizması getirilmesidir. (post grant opposition)

Üçüncü kişiler, patentin veriliş kararının Bülten'de yayınlanmasından itibaren altı ay içinde itiraz yapabilecektir. Gerekçeye göre, bu uygulama verilen patentin tekrar incelenmesini sağlayacaktır.

Bu hükümde bir istisna kabul edilmiştir. Bu itiraz sistemi, faydalı modeller için geçerli değildir.

34.2. Başvuru İçin Verilecek Belge ve Bilgiler

Başvuru tarihinin kesinleşmesi için, aşağıdakilerin verilmesi yeterli kabul edilmiştir:

a) Patent verilmesi talebi,
b) Başvuru sahibinin kimlik ve iletişim bilgileri,
c) Buluşu açıklayan tarifname.

İstemler, başvuru tarihinin kesinleşmesi için gerekli kabul edilmemiştir. Şekli inceleme sonucunda başvuruda eksiklikler tespit edilirse, başvuru sahibinden bildirim tarihinden itibaren iki ay içinde eksiklikleri gidermesi istenecektir.

İstemlerde tarifnamenin kapsamının aşıldığı gibi bir eksiklik söz konusu olduğu zaman, başvuru sahibi için başvuru tarihinin değişmesi gibi bir risk oluşacaktır. İstemlerin ilk başvuru aşamasında verilmesi, sürpriz bir riske karşı, bir önlem olabilir.

34.3. Araştırma Raporunun Düzenlenmesi ve Yayımı

Araştırma talebi başvuruda veya 12 ay içinde yapılabilecek ve araştırma raporu Türk Patent ve Marka Kurumu'nda düzenlenecektir.

Araştırma raporunun açıklaması, yukarıda belirtilen araştırma raporu düzenlenmesinden farklı değildir.

34.4. Başvurunun Yayımı ve Üçüncü Kişilerin Görüşleri

Başvuru tarihinden başlayan on sekiz aylık sürenin dolması veya başvuru sahibinin erken yayım talebi üzerine, patent başvurusu ve araştırma raporu Patent Bülteni'nde yayımlanır.

Patent başvurusunun yayımlandığı tarihten itibaren üçüncü kişiler, patent başvurusu yapılan buluşun patent verilebilirliğine ilişkin görüşlerini sunabilir.

34.5. İnceleme Raporu

Araştırma raporunun bildirim tarihinden itibaren üç ay içinde inceleme talebinin yapılması gerekir.

İnceleme aşamasında başvuru konusu buluşun ölçütler açısından uygun olmadığı tespit edilirse, başvuru sahibine bildirim yapılarak üç ay içinde karşı görüşlerini sunması veya tarifname, istemler veya resimlerde değişiklikler yapması istenir. Söz konusu bildirimlerin sayısı üçten fazla olamaz.

İnceleme raporundan sonra, Kurum tarafından yeni değişiklik yapılması gerekli görülürse ek iki aylık süre verilerek, değişikliklerin yapılması istenir.

Son aşamada inceleme raporu olumlu ve olumsuz olarak düzenlenir.

34.6. İtiraz ve Karar

6769 sayılı Kanun itiraz işlemini patent verildikten sonraki aşamada olarak kabul etmiştir.

Üçüncü kişiler, patentin verilmesi kararı Bülten'de yayımlandıktan sonra ve altı ay içinde söz konusu patente itiraz edebilir. İtirazlar, Türk Patent ve Marka Kurumu bünyesindeki Kurul tarafından değerlendirilir.

Yayım aşamasında verilecek kararın olumsuz olması durumunda, başvuru sahibi, iki ay içinde, Ankara Fikri Haklar Mahkemesi'nde dava açılabilecektir. İtiraz edenlerin itirazlarının kabul edilmemesi durumunda, aynı süre içinde, dava açmak hakları bulunmaktadır.

34.7. Yıllık Ücretler

Patent başvurusu yapıldıktan ve patent verildikten sonra yapılacak işlemler arasında yıllık ücretler öncelikli konudur. Yıllık ücretlerin zamanında ödenmemesi geçersizlik nedeni olduğu için önemlidir. Başvuru tarihine karşılık gelen tarihte her yıl bir ücret ödenmesi gerekir.

Yıllık ücretler patent alınmadan önceki başvuru sırasında da ödenmek zorundadır. Türkiye'de yıllık ücretler üçüncü yıldan başlar. Örneğin, başvuru tarihi 3 Mayıs 2018 olan bir patent başvurusunun üçüncü yıl ücreti 3 Mayıs 2020 tarihinden önce ödenmelidir. Bu sürede ödenmeyen yıllık ücretler, 3 Mayıs 2020 tarihinden sonraki 6 ay içinde, %25 ek ücret yatırılarak ödenebilir. Üçüncü ve diğer yılların ücretlerinde vade her yıl 3 Mayıs olacaktır.

Avrupa Patenti başvurularında yıllık ücretler de 3'üncü yıldan başlar. Avrupa Patenti Ofisi, zamanında ödenmeyen yıllık ücretlerin ikinci 6 aylık sürede ek ücretle ödenebileceğini yazılı olarak uyarır. Avrupa Patenti sisteminde yıllık ücretlerin ödeme süresi, ilgili ayın son günü olarak uygulanmaktadır. Örneğin 3 Mayıs 2018 tarihinde yapılan bir Avrupa Patenti başvurusunun üçüncü yıldan itibaren ödenecek yıllık ücretlerin vadesi 31 Mayıs 2020 tarihi ve 6 aylık sürede ödenecek yıllık ücretlerin vadesi 30 Kasım 2020 tarihi olacaktır. Yıllık ücretlerin vadesinde ve sonraki 6 aylık sürede ödenmemesi, patent başvurusu veya patentin hükümsüzlüğüne neden olur. Patent sahibi, geçerli ve mücbir (zorlayıcı) nedenle yıllık ücretleri ödeyememiş ise, işlemlerin devam ettirilmesini isteyebilir.

34.8. İşlemlerin Devam Ettirilmesi ve Hakların Yeniden Tesisi

6769 sayılı Kanunda, «İşlemlerin devam ettirilmesi ve hakların yeniden tesisi» kuralı getirilmiştir. Bu kurala göre, patent başvurusuna ilişkin işlemlerde sürelere uyulamaması durumunda başvuru sahibi, süreye uyulamamanın bildirimi tarihinden itibaren iki ay veya uyulamamış olan sürenin bitiminden itibaren bir yıl içinde yapılamamış olan işlemin devamını talep edebilecektir.

34.9. Çalışanların Buluşları

6769 sayılı Kanunda çalışanların buluşları;

- Bir işletmede veya kamu kurum ve kuruluşlarında çalışanların buluşları,
- Yükseköğretim kurumlarında gerçekleştirilen buluşlar,
- Kamu destekli projelerde ortaya çıkan buluşlar,

olmak üzere üç grupta yorumlanmıştır.

Çalışanların buluşlarına ilişkin hükümlerin yorumlanması aşamasında, 6769 sayılı Kanunun uygulanmasına ilişkin yönetmeliklerin de değerlendirilmesi gerekecektir. Kanun metninde doğal olarak bazı maddeler arasında ufak farklılıklar olabilir. Ancak kanun ile yönetmelikleri arasında, kanunun emrettiği uygulamaları değiştirecek nitelikte, belirgin farklılıkların olmaması gerekir. Çalışanların buluşlarına ilişkin yönetmelikte bazı farklılıkları gözlemlemek mümkündür.

Öğrenciler ve stajyerler ile kamu kurum ve kuruluşlarında çalışanlara, çalışanların buluşlarına ilişkin hükümlerin uygulanacağı kanunda belirtilmiştir.

6769 sayılı Kanunda da çalışanların buluşlarında, hak sahipliği işverene ait olacak şekilde belirlenmiştir. Örneğin, işveren hizmet buluşuna ilişkin tam hak talep ederse, buluş üzerindeki tüm haklar işverene geçmiş olur. Bu durumda, çalışan makul bir bedelin kendisine ödenmesini işverenden isteyebilir.

İşverenin hak talebinde bulunmasından sonra, bedel ve ödeme şekli, işveren ile çalışan arasında imzalanan sözleşme veya benzeri bir hukuk ilişkisi hükümlerince belirlenir.

6769 sayılı Kanun, kamu kurum ve kuruluşlarında çalışanların buluşları için ödenecek bedeli farklı belirlemiştir. Kamu kurum ve kuruluşlarında çalışanlara ve yükseköğretim kurumlarında öğretim elemanlarına, ödenecek bedel buluştan elde edilen gelirin üçte birinden az olamaz.

İşveren – işçi ilişkisinde ödenecek "makul bir bedel", kamu kurum ve kuruluşları ile yükseköğretim kurumlarında "buluştan elde edilen gelirin en az üçte biri" olarak ele alınmıştır.

Ayrıca buluş konusunun kamu kurum veya kuruluşu tarafından kullanılması hâlinde ödenecek bedel, bir defaya mahsus olmak üzere, bedelin ödendiği ay için çalışana ödenen net ücretin on katından fazla olamayacaktır.

6769 sayılı Kanun, çalışan buluşlarını buluşun bildirimi üzerine kurgulamıştır. Çalışan bir buluş yaptığı zaman, işverene bildirecek ve işverenin tam hak talep etmesi ile haklar işverene geçecektir. Bu durumda işçi de makul bir bedel isteyebilecektir. Bu kurguda, salt bir buluş iddiasının bildirimi söz konusudur. Buluşa henüz patent başvurusu yapılmamış, patent alınmamış, buluş sanayiye uygulanmamıştır. Buluşun sanayiye uygulanması ve buluştan bir gelir elde edilmesi olasılığı ise çok düşüktür.

Uluslararası istatistikler bu konuyu doğrulamaktadır. Amerika Birleşik Devletleri'nde 2016 yılında patent başvurularında, 932.786 işlem yapılmış, 303.049 patent verilmiş, 484.479 başvuru ret edilmiş ve 145.258 başvuru geri çekilmiş veya terk edilmiştir. Bu istatistikler, işlem yapılan patent başvurularında 629.737 başvurunun patent alamadığını göstermektedir.

Bir başka örnekte, Amerika Birleşik Devletleri'nde, 61 En İyi Akademik Tıp Merkezi'nde, 9.600 buluş bildirimi yapılmış, bu bildirimlerden 6.400 patent başvurusu yapılmış ve sonuçta 1.900 patent alınmıştır. Bu örnekte, buluş bildirimi yapılan ve bunlardan patent alınamayan sayı 7.700 kadardır.

Çalışanların buluşlarında, üç grup için ortak nokta bir buluş iddiasıdır. Bu nedenle, işletme, kamu kurum ve kuruluşları ile yükseköğretim kurumlarında buluş yapanların değerlendirilmesi, taraflar arasında yapılacak sözleşme hükümlerine göre belirlenmelidir.

35

Diğer Konular

35.1. Hakkın Tüketilmesi İlkesi ve Paralel İthalat

Hakkın tüketilmesi ilkesi; genel olarak fikri hak sahibinin, kendi isteği veya izni ile piyasaya sürdüğü ürünlerin diğer kişilerce ticarete konu yapılmaması ve fikri haklar konusunda sahip olunan yetkilere dayanarak piyasaya müdahale edilememesi durumlarını ifade eden bir kavramdır. Paralel ithalat, hak sahibi veya yetki verdiği kişiler tarafından bir başka ülkede ürünlerin satışından sonra, bir başka yetkisiz kişinin söz konusu ürünleri bir başka ülkeden satış amacıyla ithal etmesi anlamındadır.

Hakkın ulusal sınırlar içerisinde tüketilmesi ilkesinde, hak sahibi satılan ürün üzerindeki hakkını, ürünü ülke içinde piyasaya çıkardığı zaman tüketir. Ancak, korumanın konusunu oluşturan ürünün paralel ithalat yoluyla ithalini engelleyebilir.

Hakkın uluslararası tüketilmesi ilkesinde ise, hak sahibi dünyanın herhangi bir yerinde yapılan ilk satış ile hakkını tüketir ve ürünün başka kişilerce paralel ithalat yoluyla ithalini engelleyemez.

Hakkın tüketilmesi ilkesi; ulusal, bölgesel (Avrupa Birliği) ve uluslararası olmak üzere üç ayrı uygulama konusudur.

Ulusal: Bir ürün bir ülkede piyasaya sunulduktan sonra, o ürün ile ilgili haklar o ülkede tükenir.

Bölgesel (Avrupa Birliği): Bir ürün Avrupa Birliği'nin herhangi bir ülkesinde piyasaya sunulduktan sonra, o ürün ile ilgili haklar tüm Avrupa Birliği ülkelerinde tükenir.

Uluslararası: Bir ürün herhangi bir ülkede piyasaya sunulduktan sonra, o ürün ile ilgili haklar tüm ülkelerde tükenir.

Hakkın tüketilmesi ilkesinin paralel ithalat ile doğrudan bağlantısı vardır. Ülkeler arasında ürünlere ilişkin vergi miktarı farklılıkları olduğu zaman, herhangi bir ülkede piyasaya sunulan ürün, malların serbest dolaşımı ilkesine göre, o ülkeden satın alınarak diğer bir ülkeye serbestçe ithal edilebilir.

Ulusal tükenme ilkesinde, Türkiye'de henüz piyasaya sunulmamış bir ürün, bir başka ülkeden ithal edilerek Türkiye'de piyasaya sürülemez.

Uluslararası tükenme ilkesinde, herhangi bir ülkede piyasaya sunulan ürün serbestçe ithal edilerek Türkiye'de pazara sunulabilir.

10 Ocak 2017 tarihinde yürürlüğe giren 6769 sayılı Sınai Mülkiyet Kanunu, "Hakkın tüketilmesi" ilkesini Madde 152'de değerlendirmiştir.

"MADDE 152 - (1) Sınai mülkiyet hakkı korumasına konu ürünlerin, hak sahibi veya onun izni ile üçüncü kişiler tarafından piyasaya sunulmasından sonra bu ürünlerle ilgili fiiller hakkın kapsamı dışında kalır."

Kanunun bu maddesinde "Türkiye" belirtilmediği için, Türkiye tarafından uluslararası tüketilme ilkesi, bütün sınai hak konularında, kabul edilmiş olmaktadır.

35.2. Hızlandırılmış İnceleme İşlemleri (Patent Prosecution Highway-PPH)

Hızlandırılmış Patent İşlemleri (PPH), patent işlemlerini hızlandırmak için bazı patent ofisleri arasında uygulanan bir düzenlemedir. Başvuru sahibinin talebi üzerine, istemleri bir ofiste patent verilebilir olduğu tespit edilen bir patent başvurusu, diğer ofiste hızlandırılmış bir incelemeden geçmeye hak kazanır. PPH, başvuru sahiplerini dünya genelinde patent haklarını elde etmek çabalarını desteklemekte, araştırma / inceleme verimliliğini arttırmakta ve incelemenin niteliğini küresel ölçekte iyileştirmektedir.

PPH, başvuru sahiplerinin ilgili patentleri daha hızlı ve daha verimli bir şekilde almalarını sağlamak için ofislerde halihazırda mevcut olan hızlandırılmış patent inceleme işlemlerini kullanır. Ayrıca, her bir ofise daha önce diğer bir ofis tarafından yapılan çalışmaları kullanma izni verir.

Kısaca PPH olarak adlandırılan Patent Prosecution Highway; patent ofislerinde karşılıklı işlem gören ve belirli şartları sağlayan başvuruların işlemlerinin ofisler arasında imzalanan ikili anlaşmalar yoluyla hızlandırıldığı bir sistemdir.

PPH sisteminin amacı; İlk Başvurunun Yapıldığı Ofis (İlk Başvuru Ofisi) tarafından hazırlanan araştırma / inceleme dokümanlarının İkinci Başvurunun Yapıldığı Ofis (İkinci Başvuru Ofisi) tarafından kullanılarak;

(i) Başvuru sahipleri açısından daha sağlam patent almalarının desteklenmesi,

(ii) Ofisler açısından araştırma inceleme iş yükünün azaltılması ve inceleme kalitesinin artırılmasıdır.

Türk Patent ve Marka Kurumu web sitesindeki bilgilere göre, Türkiye, İspanya ve Japonya ile PPH konusunda ikili anlaşma yapmıştır. Ayrıntılı bilgi bu siteden elde edilebilir. [55]

---
55 https://www.turkpatent.gov.tr/TURKPATENT/resources/pph/PPHTR.pdf

35.3. Provisional Patent Application

Amerika Birleşik Devletleri'nde uygulanan "Provisional Patent Application" sistemi [56], patent başvurusu öncesindeki 12 aylık sürede buluşun toplumca erişilebilir şekilde açıklanmasını sağlayan bir sistemdir. Provisional application yapıldıktan sonra 12 ay içinde "non-provisional patent application" yapılarak patent koruması, provisional application tarihinden itibaren başlatılmaktadır. Aynı buluş için diğer ülkelere veya uluslararası patent başvurusuna (PCT) veya Avrupa patentine, rüçhan haklı olarak 12 ay içinde patent başvurusu yapıldığı zaman, provisional application tarihi geçerli kabul edilmektedir. Bu başvuruda buluşu açıklayan tarifname ve resimlerin verilmesi yeterlidir. Patent istemleri ve diğer bilgi ve belgelerin verilmesine gerek yoktur.[57]

35.4. TÜBİTAK Destekleri

Türkiye kaynaklı ulusal ve uluslararası patent başvuru sayısının artırılması, gerçek ve tüzel kişilerin patent başvurusu yapmaya teşvik edilmesi ve Türkiye'deki patent sayısının artırılmasını hedefleyen 1602 TÜBİTAK Destek Programı kapsamında Türk Patent ve Marka Kurumu'na (Türk Patent) Dünya Fikri Haklar Örgütü'ne (WIPO), Avrupa Patenti Ofisi'ne (EPO), Japonya Patent Ofisi'ne (JPO), Amerika Birleşik Devletler Patent ve Marka Ofisi'ne (USPTO), Kore Fikri Haklar Ofisi (KIPO), Çin Fikri Haklar Ofisi (SIPO) yapılacak olan patent başvuruları TÜBİTAK tarafından desteklenecektir.

TÜBİTAK tarafından desteklenecek uluslararası patent başvuruları aşağıdaki tabloda gösterilmiştir. 1 Ocak 2019 tarihinden itibaren ulusal patent başvuruları desteklenmemektedir.

---

56 https://www.uspto.gov/learning-and-resources/newsletter/inventors-eye/provisional-patent-application-what-you-need-know

57 A provisional application includes a specification, i.e. a description, and drawing (s) of an invention (drawings are required where necessary for the understanding of the subject matter sought to be patented), but does not require formal patent claims, inventors' oaths or declarations, or any information disclosure statement (IDS).

Destek Türü	Başvuru Yapılan Kurum	Destek Başvuru Şekli	Destek Şekli	Destek Tutarı
Uluslararası Patent Başvuru Desteği	TÜRKPATENT	Gerçek ve tüzel kişiler tarafından PCT kapsamında WIPO'ya yapılan uluslararası patent başvuruları için PD-200 formu ile beraber TÜRKPATENT'e başvuru yapılır	Hesaplanan destek tutarı başvuru sahibi adına TÜBİTAK tarafından TÜRKPATENT'e ödenir	En fazla 3.376 CH. Uluslararası Patent Başvuru Desteğinde, Uluslararası Araştırma ve İnceleme Otoritesi olarak TÜRKPATENT'in seçilmesi durumunda yukarıda belirtilen tutarı aşmamak kaydıyla araştırma ücretinin tamamı, aksi durumda %50'si karşılanır
Uluslararası İnceleme Raporu Desteği	TÜBİTAK	PCT kapsamında WIPO'ya yapılan uluslararası patent başvurularına Uluslararası Patent Başvuru Desteği sağlanmış patent başvuruları için; TÜRKPATENT, EPO, JPO, SIPO, KIPO, USPTO tarafından düzenlenecek inceleme raporu ücretlerine istinaden destek verilir.	Kabul edilen başvurular için destek tutarı, başvuru sahibinin banka hesabına ödenir.	USPTO: 5.000 TL EPO: 5.000 TL JPO: 10.000 TL KIPO: 5.000 TL SIPO: 5.000 TL TÜRKPATENT Ön İnceleme Raporu: 1.000 TL + 200 CHF
Uluslararası Patent Tescil Ödülü	TÜBİTAK	Uluslararası İnceleme Raporu Desteği almış patent başvurularının tescil edilmesinden sonra PD-202 formu ile beraber TÜBİTAK'a başvuru yapılır.	Kabul edilen başvurular için ödül tutarı, başvuru sahibinin banka hesabına ödenir.	10.000 TL (EPO, JPO, USPTO, KIPO, SIPO tarafından tescil edilen her bir patent için)

https://www.tubitak.gov.tr/sites/default/files/292/1602_uluslararasi_patent_bilgi_notu-rev.pdf

35.5. 6518 Sayılı Kanun

Kurumlar vergisi mükellefleri tarafından Türkiye'de gerçekleştirilen araştırma, geliştirme ve yenilik faaliyetleri ile yazılım faaliyetleri neticesinde ortaya çıkan buluşların; kiralanması neticesinde elde edilen kazançların, devri veya satışı neticesinde elde edilen kazançların, Türkiye'de seri üretime tabi tutularak pazarlanmaları halinde elde edilen kazançların, Türkiye'de gerçekleştirilen üretim sürecinde kullanılması sonucu üretilen ürünlerin satışından elde edilen kazançların patentli veya faydalı model belgeli buluşa atfedilen kısmının, %50'si vergiden müstesnadır.

Bu istisna uygulamasından kurumlar vergisi mükellefleri ile gelir vergisi mükellefleri yararlanabilecektir.

Patentli veya faydalı model belgeli buluşlardan elde edilen kazançların bu istisnadan yararlanması için, söz konusu buluşlara ilişkin araştırma, geliştirme ve yenilik faaliyetleri ile yazılım faaliyetlerinin Türkiye'de gerçekleştirilmiş olması gerekir.

36

İstatistikler – Göstergeler

Dünya Fikri Haklar Örgütü WIPO tarafından hazırlanan ve 2017 yılı verilerini içeren, Dünya Fikri Haklar Göstergeleri 2018, içerik olarak birçok konuda önemli verileri sunmaktadır.

Söz konusu göstergelere https://www.wipo.int adresinden ulaşılabilir.

Patent, faydalı model, marka, endüstriyel tasarım, bitki çeşitleri, coğrafi işaretler konularında 2017 yılında yapılan başvurular ve verilen belgeler bu yayında yer almıştır. Geçmiş yıllardaki verilere ek olarak, bu yıl, yaratıcı ekonomi kapsamında, ticaret, eğitim, bilim, teknik ve tıp sektörlerine ilişkin yayım ve gelir verileri ile, özel tema olarak, patent davası sistemi karakteristikleri belirtilmiş, Birleşik Krallık ile Amerika Birleşik Devletleri örnek alınarak istatistikler açıklanmıştır.

2017 yılında başvurusu yapılan patent, faydalı model, marka, endüstriyel tasarım, bitki çeşitlerine ilişkin Dünya çapında toplam başvuru sayıları ile ilk üç ülke sayıları, giriş bölümünde sunulmuştur.

2017 yılı sayıları, 2016 yılı sayıları ile karşılaştırıldığı zaman, 2015 ve 2016 yıllarında olduğu gibi, büyük artış olan marka başvuruları dışındaki konularda da, sayısal artışlar gözlenmiştir. Aşağıda sunulan tabloda son üç yılın Dünya çapında yapılan toplam başvuru sayıları verilmektedir:

36.1. 2015-2017 Başvuru Sayıları (Dünya Çapında Toplam)

2015-2017 Başvuru Sayıları (Dünya çapında toplam)

Konu	2015	2016	2017
Patent Başvurusu	2.887.300	3.125.100	3.168.900
Faydalı Model Başvurusu	1.205.400	1.553.280	1.761.200
Marka Başvurusu	8.609.500	9.771.400	12.387.600
Endüstriyel Tasarım Başvurusu	1.145.200	1.240.600	1.242.100
Bitki Çeşitliliği Başvurusu	15.240	16.560	18.490

Kaynak: WIPO, Indicators 2017, Indicators 2018 Key Numbers

WIPO, gösterge listelerinin hazırlanması sırasında, söz konusu ülkenin patent kurumuna doğrudan yapılan (by Office) başvurularını dikkate almaktadır. Bu konu Türkiye açısından değerlendirildiğinde, Türk Patent ve Marka Kurumu'na 2017 yılında yapılan 8.175 ulusal patent başvurusu ile 380 uluslararası patent başvurusu toplamı 8.555 toplam patent başvurusu olarak ele alınmaktadır.

İstatistikler – Göstergeler | 145

36.2. Patent Başvuru Sıralamasına Göre Patent Sayıları 2017

(A59-60) Patent Başvuru Sıralamasına Göre Patent Sayıları 2017

Sıra	Ülke	PATENT BAŞVURUSU 2017	VERİLEN PATENT 2017	YAŞAYAN PATENT 2017
1	ÇİN	1.381.594	420.144	2.085.367
2	ABD	606.956	318.828	2.984.825
3	JAPONYA	318.479	199.577	2.013.685
4	KORE	204.775	120.662	970.889
5	ALMANYA	67.712	15.653	657.749
6	HİNDİSTAN	46.582	12.387	60.777
7	RUSYA	36.883	34.254	244.217
8	KANADA	35.022	24.099	180.727
9	AVUSTRALYA	28.906	22.742	144.555
10	BREZİLYA	25.658	5.450	25.664
11	B. KRALLIK	22.072	6.311	1.243.678
12	MEKSİKA	17.184	8.510	112.617
13	İRAN	16.259	4.151	42.447
14	FRANSA	16.247	11.865	563.695
15	HONG KONG	13.299	6.671	45.059
16	SİNGAPUR	10.930	6.217	49.514
17	İTALYA	9.674	4.855	297.672
18	ENDONEZYA	9.303	2.309	-
19	**TÜRKİYE**	**8.555**	**1.900**	**68.886**
20	POLONYA	4.041	2.904	75.982
21	S. ARABİSTAN	3.191	501	3.277
22	HOLLANDA	2.606	2.307	165.879
23	İSPANYA	2.343	2.011	108.732
24	AVUSTURYA	2.305	1.102	146.880
25	İSVEÇ	2.297	1.031	96.876
26	NORVEÇ	2.060	2.147	33.150
27	İSVİÇRE	1.628	771	208.022
28	BELÇİKA	1.217	1.016	102.120
29	İRLANDA	269	87	168.453
30	MONAKO	35	10	88.453

Kaynak: WIPO, World Intellectual Property Indicators, 2018

WIPO tarafından yayımlanan listede, patent başvurusu sıralamasında Türkiye 19. sırada yer almıştır. WIPO'nun 2017 yılı verilen patentler listesinde, Türkiye'de 1.757 yerli ve 143 yabancı olmak üzere toplam 1.900 patent verildiği ve 68.886 yaşayan patenti olduğu açıklanmıştır.

Yukarıdaki listede verilen verilere göre, küçük ülke olan Monako'nun 88.453 yaşayan patent sayısına göre, Türkiye 68.886 yaşayan patent sayısı ile yaklaşık olarak 20.000 geridedir.

36.3. İşlem Sayıları

WIPO, 2016 ve 2017 yılları göstergelerinde "Patent Office procedural data - Patent ofisi işlem sayıları" bilgilerini de açıklamaktadır. Yedi sütunda verilen veriler, ilgililer ve başvuru tercihi yapacaklar için, aydınlatıcı niteliktedir.

A61 işareti ile yayımlanan tabloda, bir yıllık dönemde işlem yapılan başvuru verileri değerlendirilmiş, Türkiye'de işlem yapılan 2.422 başvurudan 2.100 başvuruya patenti verilmiş, 257 başvuru reddedilmiş ve 65 başvuru sahipleri tarafından geri çekilmiştir. 2.422 sayısı, önceki yıllarda yapılan ve henüz değerlendirilmemiş başvurular içinden işlem yapılan başvuru sayısıdır.

Örneğin, Amerika Birleşik Devletleri'nde 2017 yılında 922.859 işlem yapılmış, 318.828 patent verilmiş, 469.976 başvuru reddedilmiş ve 134.055 başvuru sahipleri tarafından geri çekilmiştir.

Aşağıda verilen liste, buradaki "verilen patent" sıralamasına göre düzenlenmiştir.

Patent başvuru sıralamasına göre yapılan listede 19. sırada yer alan Türkiye, verilen patent sıralamasına göre yapılan listede 23. sırada yer almıştır. Bu listeden ülkeler seçilirken, Türkiye'deki 2.100 sayısı esas alınmış ve ülkeler buna göre sıralanmıştır.

Bazı ülkelerde bazı veriler 2017 yılı listesinde yer almamıştır. 2016 yılında bu konularda olan veriler tabloya (*) işareti ile eklenmiştir.

A60 ve A61 işaretli tablolarda 2017 yılı içinde ve bazı ülkelerde verilen patent sayılarının birbirlerini tutmadığı dikkat çekmiştir. Bu ülkeler: Japonya, Kore Cumhuriyeti, Rusya Federasyonu, Fransa, Meksika, Endonezya, Vietnam, Türkiye ve Brezilya. WIPO bu konuyu, "bazı ülkelerin farklı zamanlarda sunduğu verilerde farklılık olması" olarak açıklamaktadır. Örneğin Türkiye için bu farklılık, Avrupa Patenti verilen yerli patent sahiplerinden kaynaklanmaktadır. Farklı sayılar ( ) içinde belirtilmiştir.

Verilen Patent Sıralamasına Göre İşlem Sayıları 2017

Sıra	Ülke	İşlem yapılan başvuru	Verilen Patent	Reddedilen Başvuru	Geri Çekilen Başvuru	İncelemeci Sayısı	İlk karar (ay)	Son karar (ay)
1	Çin	-	420.144	-	-	2.302	22,0	-
2	ABD	922.859	318.828	469.976	134.055	8.279*	15,9*	22,6*
3	Japonya	246.500	183.919 (199.577)	60.613	1.968	1.696	14,6	9,4
4	Kore Cum.	177.118	110.408 (120.662)	62.869	3.841	66	15,9	10,3
5	EPO	-	105.645	-	-	4.378	22,1	4,8
6	Rusya	45.217	33.988 (34.254)	1.147	10.082	587	9,2	9,0
7	Kanada	-	24.099	-	13.952	322	27,9	10,7
8	Avustralya	29.773	22.742	21	7.010	379	19,0	7,5
9	Almanya	36.833	15.653	8.356	12.824	721	-	-
10	Hindistan	45.379	12.387	3.203	29.789	571	64,0	52,0
11	Fransa	14.646	12.205 (11.865)	1.841	600	92	-	-
12	Meksika	13.921	8.843 (8.510)	120	4.958	125	36,0	3,0
13	B. Krallık	9.500*	6.311	18.644	3.938*	318	36,0	20,0
14	İsrail	7.659	4.815	12	2.832	114	21,0	28,5
15	Endonezya	4.383	3.578 (2.309)	41	774	-	-	-
16	Polonya	4.937	3.097	1.185	655	78	36,0	0,1
17	Tayland	14.204	3.080	906	10.218	73	57,0	21,0
18	Ukrayna	3.818	2.734	178	906	115	14,4	11,0
19	Yeni Zelanda	-	2.430	-	1.438	43	24,1	2,3
20	Vietnam	3.386	2.309 (1.745)	727	350	62	57,3	41,6
21	GCC	5.548	2.240	56	3.252	40	46,0	14,0
22	Norveç	4.073	2.148	14	1.911	75	20,4	6,5
23	**Türkiye**	**2.422**	**2.100 (1.900)**	**257**	**65**	**112**	**17,4**	**3,6**
24	İspanya	2.965	2.011	462	492	176	11,8	3,8
25	İsveç	2.313	1.031	25	1.257	111	29,9	7,8
26	Brezilya	532	5 (5.450)	4	523	183	95,1	89,0

(*) 2016 yılı sayıları ve ( ) içindekiler A60'daki sayılardır. Kaynak: WIPO

Patent başvurusu yapacaklar için A61 işaretli tabloda yer alan, "ilk karar süreleri" çok önemlidir. İlk kararın, rüçhan hakkı süresi olan 12 aydan önce verilmesi, patent başvuru sahiplerinin diğer ülkelere de başvuru yapmak kararlarını olumlu etkilemektedir.

Listedeki verilere göre ilk kararı 12 ay içinde verdiğini beyan eden ülkeler, yalnız 9,2 ay ile Rusya ve 11,8 ay ile İspanya'dır. 18 ay içinde ilk kararı verdiğini beyan eden ülkeler ise; 14,6 ay ile Japonya, 15,9 ay ile ABD ve Kore Cumhuriyeti, 17,4 ay ile Türkiye'dir.

İlk kararı iki yıllık sürede verdiklerini beyan eden ülkeler: Avustralya (19,0), Norveç (20,4 ay), İsrail (21,0 ay), Çin (22,0 ay), EPO (22,1 ay), Yeni Zelenda (24,1 ay).

İlk kararı üç yıllık sürede ve daha sonra verdiklerini beyan eden ülkeler: Kanada (27,9 ay), İsveç (29,9 ay), Meksika (36,0 ay), Birleşik Krallık (36,0 ay), Polonya (36,0 ay). GCC (46,0 ay), Tayland (57,0 ay), Vietnam (57,3 ay), Hindistan (64,0 ay), Brezilya (95,1 ay).

İlk karar için 12 aydan daha uzun süreler beklenilmesi, patent alınıncaya kadar teknolojinin eskimesi sorununu oluşturabilmektedir.

ABD, İsveç ve Avusturya gibi, ek ücret ödenerek hızlandırılmış araştırma yapan ülkeler, 12 aylık sürede kararlar için çözüm üretmişlerdir.

36.4. Yurtdışı Patent Başvuruları ve Verilen Patentler

Her buluş yapan buluşunu korumak için öncelikte kendi ülkesinden patent almak ister. İkinci tercihi diğer ülkelerden de patent almaktır.

WIPO göstergelerinden elde edilen önemli bir veri, herhangi bir ülkeye yabancıların yaptığı patent başvurusu ve aldıkları patent sayılarıdır. Bu sayıları ülkelerin yabancı patent başvurularından aldıkları payı gösterdiği için çok önemlidir. Ülkeler arasından sekiz ülke seçilerek sayılar bir tabloda gösterilmiştir.

36.4.1. 2017 – Yurtdışı Patent Başvurusu ve Alınan Patentler

Ülke	Yurtdışı Patent Başvurusu	Yurtdışı Verilen Patent
Amerika Birleşik Devletleri	230.931	134.558
Japonya	200.370	129.069
Almanya	102.890	69.510
Kore Cumhuriyeti	67.484	40.724
Çin	60.310	25.576
İtalya	18.340	11.998
İsveç	17.619	11.695
İspanya	6.944	3.482
Toplam	**704.888**	**426.612**
Türkiye	2.061	833

Kendi ülkesinin dışındaki bir ülkeye patent başvurusu yapan ve patent alan ülkelerin başında Amerika Birleşik Devletleri gelmektedir. Amerika Birleşik Devletleri'ni Japonya, Almanya, Kore Cumhuriyeti ve Çin izlemektedir.

36.4.2. 2017 – Türkiye'nin Yabancı Patentlerden Aldığı Pay

8 ülkenin diğer ülkelerde yaptığı patent başvurusu toplamı	704.888
Türkiye'ye yapılan yabancı ülke patent başvuruları	10.658
8 ülkenin diğer ülkelerden aldığı patent sayısı	426.612
Türkiye'de yabancılara verilen patent sayısı	10.460
704,888 yabancı patent başvurularından Türkiye'ye giriş yapılan 10,658 patent başvurusunun oranı	0,015
426,612 yabancılara Türkiye'de verilen 10,460 patenttin oranı	0,024

Kaynak: https://www.wipo.int/ipstats/en/statistics/country_profile/

37

Ekler

37.1. Tarifname - Bisiklet İçin Pedal Çevirme Cihazı

Mevcut buluş, bir pedal çevirme cihazı ve daha özel olarak bir bisiklet için bir pedal çevirme cihazı ile ilgilidir.

Şekil 10'da gösterilen önceki teknik ile uyumlu olan bir bisiklet için klasik bir pedal çevirme cihazı, bir krank (60), iki pedal (61), bir zincir dişlisi (62) ve bir zinciri (64) içerir. Böylelikle krank (60), pedallar (61) tarafından tahrik edildiğinde, zincir dişlisi (62), bisikleti hareket ettirmek amacıyla zinciri (64) tahrik etmek üzere krank (60) tarafından döndürülür. Ancak zincir dişlisinin (62) merkezi ve her bir pedal (61) arasında tanımlanan kuvvet kolu, daha küçük bir uzunluğa sahiptir, bu şekilde sürücü, bisikleti hareket ettirmek üzere pedallar (61) üzerine daha büyük bir basma kuvveti uygulamak zorunda kalır, böylelikle sürücünün enerjisini ve manuel çalışmayı büyük oranda tüketir.

Mevcut buluşun amacı, bir pedal çevirme cihazı ve daha özel olarak bir bisiklet için bir pedal çevirme cihazı sağlamaktır, burada sürücü, pedallara enerji tasarrufu sağlayan bir şekilde basabilir.

Mevcut buluş ile uyumlu olarak, bir destek mesnedi, destek mesnedinin bir birinci ucuna döner şekilde monte edilen bir rotasyon şaftı, rotasyon şaftı üzerine sabitlenen ve bunun tarafından döndürülen bir zincir dişlisi, rotasyon şaftını döndürmek üzere her biri rotasyon şaftı üzerine monte edilen iki adet karşılıklı tek yönlü mandallı dişli çark, her biri, tek yönlü bir şekilde ilgili mandallı dişli çarkı döndürmek üzere ilgili mandallı dişli çark üzerine monte edilen bir mandal soketi ile oluşturulan birinci uca ve uzunlamasına kayma yolu ile birlikte oluşturulan ikinci bir uca sahip iki adet karşılıklı tahrik elemanı, destek mesnedinin ikinci ucu üzerine eksensel olarak monte edilen bir krank, krankı döndürmek üzere krankın karşılıklı iki kenarı üzerine sabitlenen iki adet karşılıklı tahrik şaftı, her biri, ilgili tahrik şaftı üzerine döner bir şekilde monte edilen iki pedal ve her biri bununla birlikte hareket etmek üzere ilgili tahrik şaftı üzerine eksensel olarak monte edilen ve her biri, ilgili tahrik elemanının kayma yoluna kayar bir şekilde monte edilen iki adet karşılıklı kayma mesnedini içeren bir pedal çevirme cihazı sağlanır.

Avantajlı bir şekilde tahrik elemanları, pedal çevirme cihazının kuvvet momentini artırmak ve böylelikle sürücünün enerjisinde ve manuel çalışmada tasarruf sağlamak üzere krank ve zincir dişlisi arasında daha uzun bir kuvvet koluna sahiptir.

Mevcut buluşun diğer fayda ve avantajları, ekli çizimlere yapılan uygun referanslar ile detaylı tarifnamenin dikkatli bir şekilde okunmasından sonra anlaşılır olacaktır.

Çizimlerde:

- Şekil 1, mevcut buluşun tercih edilen uygulaması ile uyumlu bir pedal çevirme cihazının perspektif görünüşünü gösterir.
- Şekil 2, Şekil 1'de gösterilen pedal çevirme cihazının parçalara ayrılmış perspektif görünüşüdür.
- Şekil 3, Şekil 1'de gösterildiği gibi bir bisiklet için pedal çevirme cihazının plan görünüşüdür.

- Şekil 4, Şekil 1'de gösterildiği gibi bir pedal çevirme cihazının bir plan kesit görünüşüdür.
- Şekil 5, Şekil 1'de gösterildiği gibi pedal çevirme cihazının bir plan kesit görünüşüdür.
- Şekil 6, Şekil 1'de gösterildiği gibi pedal çevirme cihazının bir plan kesit çalışma görünüşüdür.
- Şekil 7, Şekil 6'da gösterildiği gibi pedal çevirme cihazının bölgesel olarak genişletilmiş bir görünüşüdür.
- Şekil 8, Şekil 6'da gösterildiği gibi pedal çevirme cihazının şematik çalışma görünüşüdür.
- Şekil 9, Şekil 7'de gösterildiği gibi pedal çevirme cihazının şematik çalışma görünüşüdür.
- Şekil 10, önceki teknik ile uyumlu bir bisiklet için klasik bir pedal çevirme cihazının perspektif görünüşüdür.

Şekillere ve öncelikli olarak Şekiller 1-7'ye referans ile, mevcut buluşun tercih edilen uygulaması ile uyumlu bir bisiklet (10) için bir pedal çevirme cihazı (20), bir destek mesnedi (13), destek mesnedinin (13) bir birinci ucuna döner şekilde monte edilen bir rotasyon şaftı (111), rotasyon şaftı (111) üzerine sabitlenen ve bunun tarafından döndürülen bir zincir dişlisi (11), rotasyon şaftını (111) döndürmek üzere her biri rotasyon şaftı (111) üzerine monte edilen iki adet karşılıklı tek yönlü mandallı dişli çark (40), her biri, tek yönlü bir şekilde ilgili mandallı dişli çarkı (40) döndürmek üzere ilgili mandallı dişli çark (40) üzerine monte edilen bir mandal soketi (31) ile oluşturulan birinci uca ve uzunlamasına kayma yolu (35) ile birlikte oluşturulan ikinci bir uca sahip iki adet karşılıklı tahrik elemanı (30), destek mesnedinin (13) ikinci ucu üzerine eksensel olarak monte edilen bir krank (12), krankı (12) döndürmek üzere krankın (12) karşılıklı iki kenarı üzerine sabitlenen iki adet karşılıklı tahrik şaftı (141), her biri, ilgili tahrik şaftı (141) üzerine döner bir şekilde monte edilen iki pedal (14) ve her biri bununla birlikte hareket etmek üzere ilgili tahrik şaftı (141) üzerine eksensel olarak monte edilen ve her biri, ilgili tahrik elemanının (30) kayma yoluna (35) kayar bir şekilde monte edilen iki adet karşılıklı kayma mesnedini (50) içerir.

Rotasyon şaftı (111), her biri altıgen şeklinde tespit vidası (112) ve dişli bir çubuk (113) ile oluşturulan iki adet karşılıklı uca sahiptir.

Mandallı dişli çarklardan (40) her biri, rotasyon şaftını (111) döndürmek üzere rotasyon şaftının (111) tespit vidası (112) üzerine sabitlenen altıgen şeklinde bir tespit deliği (42) ile oluşturulan bir iç kısmı (45), iç kısım (45) üzerine döner şekilde monte edilen ve bir hareket dişlisi (41) ile oluşturulan bir dış duvara ve birçok kilitleme girintisi (430) ile oluşturulan bir iç duvara sahip olan bir dış kısmı (43) ve her biri, iç kısım (45) üzerine döner bir şekilde eksensel olarak monte edilen birinci uca ve dış kısmın (43) ilgili kilitleme girintisine (430) bağlanan bir ikinci uca sahip olan birçok tek yönlü mandalı (44) içerir.

Tahrik elemanlarından (30) her birinin mandal soketi (31), ilgili mandallı dişli çarkı (40) döndürmek üzere ilgili mandallı dişli çarkın (40) hareket dişlisi (41) ile örtüşen tahrik dişlisi (311) ile oluşturulan bir iç duvara sahiptir. Tahrik elemanlarından (30) her birinin mandal soketi (31), tahrik elemanlarından (30) her birinin mandal soketinin (31) karşılıklı iki kenarında bulunan ve birçok perçin (33) ile sabitlenen karşılıklı iki sızdırmazlık halkası (32) tarafından ilgili mandallı dişli çark (40) ile birleştirilir.

Pedal çevirme cihazı (20) ayrıca, her biri rotasyon şaftının (111) ilgili dişli çubuğu (113) üzerine monte edilen ve her biri, ilgili mandallı dişli çarkın (40) üzerinde yer alan iki rondelayı (37) ve her biri rotasyon şaftının (111) ilgili dişli çubuğuna (113) vidalanan ve her biri ilgili rondela (37) üzerinde yer alan iki somunu (34) içerir.

Destek mesnedinin (13) ikinci ucu, bir pivot deliği (131) ile oluşturulur. Krank (12), destek mesnedinin (13) pivot deliğine (131) eksensel olarak monte edilir. Krankın (12) iki kenarından her biri, bir vida deliği (121) ile oluşturulan distal uca sahiptir. İki tahrik şaftından

(141) her biri, tahrik şaftlarından (141) her birini kranka (12) sabitlemek üzere krankın (12) ilgili vida deliğine (121) vidalanan dişli bir distal uca sahiptir.

İki kayma mesnedinden (50) her biri, ilgili tahrik elemanının (30) kayma yoluna (35) kayar şekilde monte edilen iki adet birinci rulman (51) ile sağlanan birinci uca ve ilgili tahrik şaftının (141) üzerine eksensel olarak monte edilen iki adet ikinci rulmanı (53) monte etmeye yönelik bir manşon (52) ile sağlanan ikinci bir uca sahiptir. İki kayma mesnedinden (50) her birinin birinci rulmanları (51), iki kayma mesnedinden (50) her birinin birinci rulmanlarının (51), ilgili tahrik elemanının (30) kayma yolundan (35) ayrılmasını önlemek üzere kayma yolunun (35) açılmış bir ucu üzerine monte edilen bir uç kapağı (36) tarafından ilgili tahrik elemanının (30) kayma yolu (35) içerisinde sınırlanır.

Çalışmada, Şekiller 1-9'a referans ile, pedallara (14), sürücü tarafından basıldığında, krank (12), Şekil 6'da gösterildiği üzere yukarıya doğru ve aşağıya doğru dönüş yapmak üzere tahrik elemanlarını (30) tahrik etmek amacıyla yukarıya doğru ve aşağıya doğru hareket ettirilen iki kayma mesnedini (50) hareket ettirmek için döndürülür, böylece tahrik elemanlarından (30) her birinin mandal soketi (31), ilgili mandallı dişli çarkı (40) döndürmek üzere döndürülür.

Şekil 7'de gösterildiği üzere, tahrik elemanlarından (30) biri, aşağıya doğru döndürüldüğünde, ilgili mandallı dişli çark (40), dış kısmı (43) döndürmek üzere saat yönünde döndürülür. Bu sırada, mandallı dişli çarklardan (40) her birinin tek yönlü mandalları (44), dış kısmın (43) kilitleme girintilerine (430) girer, böylece iç kısım (45), rotasyon şaftını (111) döndürmek üzere rotasyon şaftının (111) tespit vidasını (112) döndüren tespit deliğini (42) döndürmek amacıyla dış kısım (43) tarafından tahrik edilir ve döndürülür. Bu nedenle, mandallı dişli çark (40), saat yönünde döndürüldüğünde, rotasyon şaftı (111), bisikleti hareket ettirmek üzere zincir dişlisini (11) döndürmek için döndürülür.

Aksine, tahrik elemanlarından (30) biri, Şekil 8'de gösterildiği gibi yukarıya doğru döndürüldüğünde, ilgili mandallı dişli çark (40), Şekil 9'da gösterildiği gibi dış kısmı (43) döndürmek amacıyla saat yönünün tersine döndürülür. Bu sırada, mandallı dişli çarklardan (40) her birinin tek yönlü mandalları (44), dış kısmın (43) kilitleme girintilerinden (430) ayrılır, böylece iç kısım (45), dış kısım (43) tarafından döndürülmez ve dış kısım (43), boş bir dönüş sergiler. Bu nedenle, mandallı dişli çark (40), saat yönünün tersine döndürüldüğünde, rotasyon şaftı (111) dönmeyi durdurur, böylece zincir dişlisi (11) dönmeyi durdurur.

Bu şekilde, tahrik elemanlarından (30) biri, Şekil 8'de gösterildiği gibi yukarıya doğru döndürüldüğünde, tahrik elemanlarından (30) diğeri, Şekil 6'da gösterildiği gibi aşağıya doğru döner, böylece zincir dişlisi (11), bisikleti sıralı olarak hareket ettirmek üzere sıralı olarak döndürülür.

Dolayısıyla, tahrik elemanları (30), pedal çevirme cihazının (20) kuvvet momentini artırmak üzere krank (12) ve zincir dişlisi (11) arasında daha uzun bir kuvvet koluna sahiptir, böylece sürücü, pedallara (14) enerji tasarrufu sağlayan bir şekilde basabilir, böylelikle de sürücünün enerjisinden ve manuel çalışmadan tasarruf edilir.

Buluşun, yukarıda belirtilen tercih edilen uygulaması/uygulamaları ile ilgili olarak açıklanmış olmasına rağmen, mevcut buluşun kapsamından sapılmaksızın birçok başka muhtemel modifikasyon ve varyasyonun gerçekleştirilebileceği anlaşılacaktır. Bu nedenle, ekli istem veya istemlerin, buluşun gerçek kapsamına giren bu tür modifikasyon ve varyasyonları kapsayacağı öngörülmektedir.

İstemler

1. Bir destek mesnedi (13);
   destek mesnedinin (13) birinci ucu üzerine döner bir şekilde monte edilen bir rotasyon şaftı (111);

rotasyon şaftı (111) üzerine sabitlenen ve bunun tarafından döndürülen bir zincir dişlisi (11);

rotasyon şaftını (111) döndürmek üzere her biri rotasyon şaftının (111) üzerine monte edilen iki adet karşılıklı tek yönlü mandallı dişli çark (40);

her biri, tek yönlü bir şekilde ilgili mandallı dişli çarkı (40) döndürmek üzere ilgili mandallı dişli çark (40) üzerine monte edilen bir mandal soketi (31) ile oluşturulan birinci uca ve uzunlamasına kayma yolu (35) ile birlikte oluşturulan ikinci bir uca sahip iki adet karşılıklı tahrik elemanı (30);

destek mesnedinin (13) ikinci ucu üzerine eksensel olarak monte edilen bir krank (12);

krankı (12) döndürmek üzere krankın (12) karşılıklı iki kenarı üzerine sabitlenen iki adet karşılıklı tahrik şaftı (141);

her biri, ilgili tahrik şaftı (141) üzerine döner bir şekilde monte edilen iki pedal (14);

her biri, bununla birlikte hareket etmek üzere ilgili tahrik şaftı (141) üzerine eksensel olarak monte edilen ve her biri, ilgili tahrik elemanının (30) kayma yoluna (35) kayar bir şekilde monte edilen iki adet karşılıklı kayma mesnedi (50) içeren bir pedal çevirme cihazı

2. Rotasyon şaftının (111), her biri altıgen şeklinde vida (112) ve dişli bir çubuk (113) ile oluşturulan karşılıklı iki kenara sahip olduğu;

mandallı dişli çarklardan (40) her birinin, rotasyon şaftını (111) döndürmek üzere rotasyon şaftının (111) tespit vidası (112) üzerine sabitlenen altıgen şeklinde bir tespit deliği (42) ile oluşturulan bir iç kısmı (45) ve iç kısım (45) üzerine döner şekilde monte edilen ve hareket dişlisi (41) ile oluşturulan bir dış duvara sahip bir dış kısmı (43) içerdiği;

tahrik elemanlarından (30) her birinin mandal soketinin (31), ilgili mandallı dişli çarkı (40) döndürmek üzere ilgili mandallı dişli çarkın (40) hareket dişlisi (41) ile örtüşen tahrik dişlisi (311) ile oluşturulan bir iç duvara sahip olduğu, İstem 1'e göre pedal çevirme cihazı.

3. Ayrıca her biri rotasyon şaftının (111) ilgili dişli çubuğu (113) üzerine monte edilen ve her biri, ilgili mandallı dişli çarkın (40) üzerinde yer alan iki rondelayı (37) ve her biri rotasyon şaftının (111) ilgili dişli çubuğuna (113) vidalanan ve her biri ilgili rondela (37) üzerinde yer alan iki somunu (34) içeren İstem 2'ye göre pedal çevirme cihazı.

4. Tahrik elemanlarından (30) her birinin mandal soketinin (31), karşılıklı iki sızdırmazlık halkası (32) tarafından ilgili mandallı dişli çark (40) ile birleştirildiği İstem 2'ye göre pedal çevirme cihazı.

5. Sızdırmazlık halkalarının (32), tahrik elemanlarından (30) her birinin mandal soketinin (31) karşılıklı iki kenarında bulunduğu ve birçok perçin (33) ile sabitlendiği İstem 4'e göre pedal çevirme cihazı.

6. İki kayma mesnedinden (50) her birinin, ilgili tahrik elemanının (30) kayma yoluna (35) kayar şekilde monte edilen iki adet birinci rulman (51) ile sağlanan birinci uca ve ilgili tahrik şaftının (141) üzerine eksensel olarak monte edilen iki adet ikinci rulmanı (53) monte etmeye yönelik bir manşon (52) ile sağlanan ikinci bir uca sahip olduğu İstem 1'e göre pedal çevirme cihazı.

7. İki kayma mesnedinden (50) her birinin birinci rulmanlarının (51), iki kayma mesnedinden (50) her birinin birinci rulmanlarının (51), ilgili tahrik elemanının (30) kayma yolundan (35) ayrılmasını önlemek üzere kayma yolunun (35) açılmış bir ucu üzerine monte edilen bir uç kapağı (36) tarafından ilgili tahrik elemanının (30) kayma yolu (35) içerisinde sınırlandığı İstem 6'ya göre pedal çevirme cihazı.

8. Destek mesnedinin (13) ikinci ucunun, bir pivot deliği (131) ile oluşturulduğu ve krankın (12), destek mesnedinin (13) pivot deliği (131) içine eksensel olarak monte edildiği İstem 1'e göre pedal çevirme cihazı.

9. Krankın (12) iki kenarından her birinin, bir vida deliği (121) ile oluşturulan distal uca sahip olduğu ve iki tahrik şaftından (141) her birinin, tahrik şaftlarından (141) her birini kranka (12) sabitlemek üzere krankın (12) ilgili vida deliğine (121) vidalanan dişli bir distal uca sahip olduğu İstem 1'e göre pedal çevirme cihazı.

10. Mandallı dişli çarklardan (40) her birinin dış kısmının, birçok kilitleme girintisi (430) ile oluşturulan bir iç duvara sahip olduğu ve mandallı dişli çarklardan (40) her birinin ayrıca her biri, iç kısım üzerine döner bir şekilde eksensel olarak monte edilen birinci uca ve dış kısmın (43) ilgili kilitleme girintisine (430) bağlanan bir ikinci uca sahip olan birçok tek yönlü mandalı (44) içerdiği İstem 1'e göre pedal çevirme cihazı.

Özet – Bisiklet İçin Pedal Çevirme Cihazı

Bir bisiklet için bir pedal çevirme cihazı, bir destek mesnedi (13), bir rotasyon şaftı (111), bir zincir dişlisi (11), iki adet karşılıklı tek yönlü mandallı dişli çark (40), iki adet karşılıklı tahrik elemanı (30), bir krank (12), iki adet karşılıklı tahrik şaftı (141), iki pedal (14) ve iki adet karşılıklı kayma mesnedi (50) içerir. Bu nedenle, tahrik elemanları, pedal çevirme cihazının kuvvet momentini artırmak üzere krank ve zincir dişlisi arasında daha uzun bir kuvvet koluna sahiptir, böylece sürücü, pedallara, enerji tasarrufu sağlayan bir şekilde basabilir, böylelikle de sürücünün enerjisinden ve manuel çalışmadan tasarruf edilir.

(Çeviri: Neriman Güç Cebeci)

37.2. Description – Pedalling Device for Bicycle

Mechanics	*Art. 78, 83* *R. 42* *Description of invention*
Pedalling device for bicycle	*Title of invention (designation in Request for Grant suffices)*

5   The present invention relates to a pedalling device *R. 42(1)(a)*
     and, more particularly, to a pedalling device for a   *Technical field to which invention relates*
     bicycle.

10   A conventional pedalling device for a bicycle in   *R. 42(1)(b)*
     accordance with the prior art shown in Fig. 10   *Indication of the background art*
     comprises a crank 60, two pedals 61, a chainwheel 62,
     and a chain 64. Thus, when the crank 60 is driven by
     the pedals 61, the chainwheel 62 is rotated by the
15   crank 60 to drive the chain 64 so as to move the
     bicycle.However, the force arm defined between the
     center of the chainwheel 62 and each of the pedals 61
     has a smaller length, so that the rider has to exert
     a larger stepping force on the pedals 61 so as to
20   move the bicycle, thereby greatly wasting the rider's
     energy and manual work.

     The objective of the present invention is to provide   *R. 42(1)(c)*
     a pedalling device, and more particular a pedalling   *Technical problem to be solved*
25   device for a bicycle, wherein the rider can step the
     pedals in an energy-saving manner.

     In accordance with the present invention, there is   *R. 42(1)(c)*
     provided a pedalling device, comprising a support   *Disclosure of invention*
30   seat, a rotation shaft rotatably mounted on a first
     end of the support seat, a chainwheel secured on and
     rotated by the rotation shaft, two opposite oneway

ratchet wheels each mounted on the rotation shaft to
rotate the rotation shaft, two opposite drive members
each having a first end formed with a ratchet socket
mounted on a respective ratchet wheel to rotate the
5   respective ratchet wheel in a oneway manner and a
second end formed with on elongate slide track, a
crank pivotally mounted on a second end of the
support seat, two opposite drive shafts secured on
two opposite sides of the crank to rotate the crank,
10 two pedals each rotatably mounted on a respective
drive shaft, and two opposite slide seats each
pivotally mounted on a respective drive shaft to move
therewith and each slidably mounted in the slide
track of a respective drive member.
15
Advantageously, the drive members have a longer force
arm between the crank and the chainwheel so as to
increase the force moment of the pedalling device,
thereby saving the rider's energy and manual work.
20
Further benefits and advantages of the present
invention will become apparent after a careful
reading of the detailed description with appropriate
reference to the accompanying drawings.
25
In the drawings:

Fig. 1 is a perspective view of a pedalling
device in accordance with the preferred
30   embodiment of the present invention.
Fig. 2 is an exploded perspective view of the
pedalling device as shown in Fig. 1.
Fig. 3 is a plan view of the pedalling device
for a bicycle as shown in Fig. 1.

Fig. 4 is a plan cross-sectional view of the pedalling device as shown in Fig. 1.

Fig. 5 is a plan cross-sectional view of the pedalling device as shown in Fig. 1.

Fig. 6 is a plan cross-sectional operational view of the pedalling device as shown in Fig. 1.

Fig. 7 is a locally enlarged view of the pedalling device as shown in Fig.6.

Fig. 8 is a schematic operational view of the pedalling device as shown in Fig. 6.

Fig. 9 is a schematic operational view of the pedalling device as shown in Fig. 7.

Fig. 10 is a perspective view of a conventional pedalling device for a bicycle in accordance with the prior art.

Referring to the drawings and initially to Figs.1-7, a pedalling device 20 for a bicycle 10 in accordance with the preferred embodiment of the present invention comprises a support seat 13, a rotation shaft 111 rotatably mounted on a first end of the support seat 13, a chainwheel 11 secured on and rotated by the rotation shaft 111, two opposite oneway ratchet wheels 40 each mounted on the rotation shaft 111 to rotate the rotation shaft 111, two opposite drive members 30 each having a first end formed with a ratchet socket 31 mounted on a respective ratchet wheel 40 to rotate the respective ratchet wheel 40 in a oneway manner and a second end formed with an elongate slide track 35, a crank 12 pivotally mounted on a second end of the support seat 13, two opposite drive shafts 141 secured on two opposite sides of the crank 12 to rotate the crank 12, two pedals 14 each rotatably mounted on a

R. 42(1)(e)
Description of at least one way of carrying out the invention

respective drive shaft 141,and two opposite slide
seats 50 each pivotally mounted on a respective drive
shaft 141 to move therewith and each slidably mounted
in the slide track 35 of a respective drive member
30.

The rotation shaft 111 has two opposite ends each
formed with 5 hexagonal fixing stud 112 and a
threaded rod 113.

Each of the ratchet wheels 40 includes an inner part
45 formed with a hexagonal fixing hole 42 secured on
the fixing stud 112 of the rotation shaft 111 to
rotate the rotation shaft 111, an outer part 43
rotatably mounted on the inner part 45 and having an
outer wall formed with a driven gear 41 and an inner
wall formed with a plurality of locking grooves
430,and a plurality of oneway detents 44 each having
a first end pivotally mounted on the inner part 45
and a second end engaged in the respective locking
groove 430 of the outer part 43.

The ratchet socket 31 of each of the drive members 30
has an inner wall formed with a drive gear 311
meshing with the driven gear 41 of the respective
ratchet wheel 40 to rotate the respective ratchet
wheel 40.The ratchet socket 31 of each of the drive
members 30 is combined with the respective ratchet
wheel 40 by two opposite seal rings 32 which are
located at two opposite sides of the ratchet socket
31 of each of the drive members 30 and are fastened
by a plurality of rivets 33.

The pedalling device 20 further comprises two washers 37 each mounted on a respective threaded rod 113 of the rotation shaft 111 and each rested on a respective ratchet wheel 40, and two nuts 34 each
5   screwed onto a respective threaded rod 113 of the rotation shaft 111 and each rested on a respective washer 37.

The second end of the support seat 13 is formed with
10 a pivot hole 131. The crank 12 is pivotally mounted in the pivot hole 131 of the support seat 13. Each of the two sides of the crank 12 has a distal end formed with a screw bore 121.Each of the two drive shafts 141 has a threaded distal end screwed into the
15 respective screw bore 121 of the crank 12 to secure each of the drive shafts 141 to the crank 12.

Each of the two slide seats 50 has a first end provided with two first bearings 51 slidably mounted
20 in the slide track 35 of the respective drive member 30 and a second end provided with a sleeve 52 for mounting two second bearings 53 which are pivotally mounted on the respective drive shaft 141.The first bearings 51 of each of the two slide seats 50 are
25 limited in the slide track 35 of the respective drive member 30 by an end cap 36 which is mounted on an opened end of the slide track 35 to prevent the first bearings 51 of each of the two slide seats 50 from being detached from the slide track 35 of the
30 respective drive member 30.

In operation, referring to Figs. 1-9, when the pedals 14 are stepped by the rider, the crank 12 is rotated to move the two slide seats 50 which are moved upward

and downward to drive the drive members 30 to pivot
upward and downward as shown in Fig. 6, so that the
ratchet socket 31 of each of the drive members 30 is
rotated to rotate the respective ratchet wheel 40.

As shown in Fig. 7, when one of the drive members 30
is pivoted downward, the respective ratchet wheel 40
is rotated clockwise to rotate the outer part 43.At
this time, the oneway detents 44 of each of the
ratchet wheels 40 are engaged in the locking grooves
430 of the outer part 43, so that the inner part 45
is driven and rotated by the outer part 43 to rotate
the fixing hole 42 which rotates the fixing stud 112
of the rotation shaft 111 so as to rotate the
rotation shaft 111.Thus, when the ratchet wheel 40
is rotated clockwise, the rotation shaft 111 is
rotated to rotate the chainwheel 11 so as to move the
bicycle.

On the contrary, when one of the drive members 30 is
pivoted upward as shown in Fig. 8, the respective
ratchet wheel 40 is rotated counterclockwise to
rotate the outer part 43 as shown in Fig. 9.At this
time, the oneway detents 44 of each of the ratchet
wheels 40 are disengaged from the locking grooves 430
of the outer part 43, so that the inner part 45 is
not rotated by the outer part 43, and the outer part
43 performs an idle rotation. Thus, when the ratchet
wheel 40 is rotated counterclockwise, the rotation
shaft 111 stops rotating, so that the chainwheel 11
stops rotating.

In such a manner, when one of the drive members 30 is
pivoted upward as shown in Fig. 8, the other one of
the drive members 30 is pivoted downward as shown in

Fig.6, so that the chainwheel 11 is rotated successively so as to move the bicycle successively.

Accordingly, the drive members 30 have a longer force arm between the crank 12 and the chainwheel 11 so as to increase the force moment of the pedalling device 20 so that the rider can step the pedals 14 in an energy-saving manner, thereby saving the rider's energy and manual work.

Although the invention has been explained in relation to its preferred embodiment(s) as mentioned above, it is to be understood that many other possible modifications and variations can be made without departing from the scope of the present invention. It is, therefore, contemplated that the appended claim or claims will cover such modifications and variations that fall within the true scope of the invention.

Claims

Art. 84
R. 43

1. A pedalling device, comprising:

a support seat (13);
a rotation shaft (111) rotatably mounted on a
first end of the support seat (13);
a chainwheel (11) secured on and rotated by the
rotation shaft (111);
two opposite oneway ratchet wheels (40) each
mounted on the rotation shaft (111) to rotate
the rotation shaft (111);
two opposite drive members (30) each having a
first end formed with a ratchet socket (31)
mounted on a respective ratchet wheel (40) to
rotate the respective ratchet wheel (40) in a
oneway manner and a second end formed with an
elongate slide track (35);
a crank (12) pivotally mounted on a second end
of the support seat (13);
two opposite drive shafts (141) secured on two
opposite sides of the crank (12) to rotate the
crank (12);
two pedals (14) each rotatably mounted on a
respective driveshaft (141);
two opposite slide seats (50) each pivotally
mounted on a respective drive shaft (141) to
move therewith and each slidably mounted in the
slide track (35) of a respective drive member
(30).

2. The pedalling device in accordance with claim 1, wherein:

R. 43 (3), (4)
Dependent claim

the rotation shaft (111) has two opposite ends
each formed with hexagonal fixing stud (112) and
a threaded rod (113);

each of the ratchet wheels (40) includes an
inner part (45) formed with a hexagonal fixing
hole (42) secured on the fixing stud (112) of
the rotation shaft (111) to rotate the rotation
shaft (111), and an outer part (43) rotatably
mounted on the inner part (45) and having an
outer wall formed with a driven gear (41);
the ratchet socket (31) of each of the drive
members (30) has an inner wall formed with a
drive gear (311) meshing with the driven gear
(41) of the respective ratchet wheel (40) to
rotate the respective ratchet wheel (40).

3. The pedalling device in accordance with claim 2,
further comprising two washers (37) each mounted on a
respective threaded rod (113) of the rotation shaft
(111) and each rested on a respective ratchet wheel
(40), and two nuts (34) each screwed onto a
respective threaded rod (113) of the rotation shaft
(111) and each rested on a respective washer (37).

4. The pedalling device in accordance with claim 2,
wherein the ratchet socket (31) of each of the drive
members (30) is combined with the respective ratchet
wheel (40) by two opposite seal rings (32).

5. The pedalling device in accordance with claim 4,
wherein the seal rings (32) are located at two
opposite sides of the ratchet socket (31) of each of
the drive members (30) and are fastened by a
plurality of rivets (33).

6. The pedalling device in accordance with claim 1,
wherein the each of the two slide seats (50) has a

first end provided with two first bearings (51)
slidably mounted in the slide track (35) of the
respective drive member (30) and a second end
provided with a sleeve (52) for mounting two second
5   bearings (53) which are pivotally mounted on the
respective drive shaft (141).

7. The pedalling device in accordance with claim 6,
wherein the first bearings (51) of each of the two
10 slide seats (50) are limited in the slide track (35)
of the respective drive member (30) by an end cap
(36) which is mounted on an opened end of the slide
track (35) to prevent the first bearings (51) of each
of the two slide seats (50) from being detached from
15 the slide track (35) of the respective drive member
(30).

8. The pedalling device in accordance with claim 1,
wherein the second end of the support seat (13) is
formed with a pivot hole (131), and the crank (12) is
20 pivotally mounted in the pivot hole (131) of the
support seat (13).

9. The pedalling device in accordance with claim 1,
wherein each of the two sides of the crank (12) has a
25 distal end formed with a screw bore (121), and each
of the two drive shafts (141) has a threaded distal
end screwed into the respective screw bore (121) of
the crank (12) to secure each of the drive shafts
(141) to the crank (12).
30

10. The pedalling device in accordance with claim 1,
wherein the outer part of each of the ratchet wheels
(40) has an inner wall formed with a plurality of
locking grooves (430), and each of the ratchet wheels
(40) further includes a plurality of oneway detents
(44) each having a first end pivotally mounted on the
inner part and a second end engaged in the respective
locking groove (430) of the outer part (43).

37.3. Figures – Pedalling Device for Bicycle

Abstract   *Art. 85*

Pedalling device for bicycle   *R. 47(1)*
Title of invention

A pedalling device for a bicycle includes a support seat (13), a rotation shaft (111), a chainwheel (11), two opposite oneway ratchet wheels (40), two opposite drive members (30), a crank (12), two opposite drive shafts (141), two pedals (14), and two opposite slide seats (50). Thus, the drive members have a longer force arm between the crank and the chainwheel so as to increase the force moment of the pedalling device so that the rider can step the pedals in an energy-saving manner, thereby saving the rider's energy and manual work.   *R. 47(2), (3), (5)*
Content of abstract

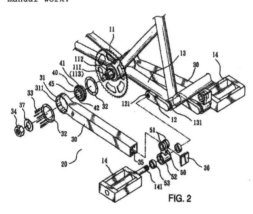

FIG. 2

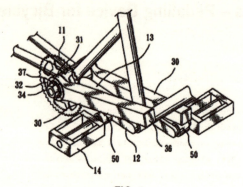

FIG. 1

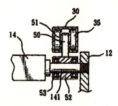

FIG. 4

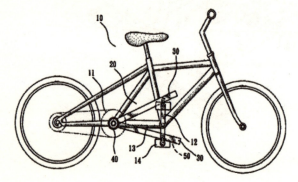

FIG. 3

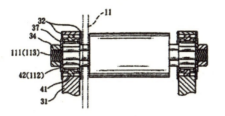

FIG. 5

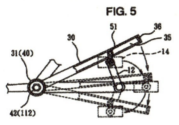

FIG. 6

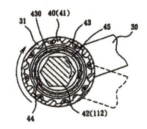

FIG. 7

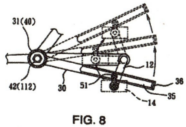

FIG. 8

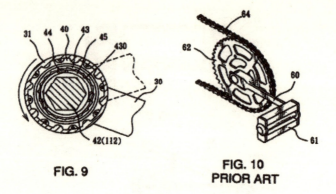

FIG. 9

FIG. 10
PRIOR ART

37.4. 6769 sayılı Sınai Mülkiyet Kanunu Patent ve Faydalı Model Bölümü

SINAİ MÜLKİYET KANUNU

Kanun No. 6769 – Kabul Tarihi: 22/12/2016 – Yürürlük Tarihi: 10/01/2017

BAŞLANGIÇ HÜKÜMLERİ

Amaç, Kapsam, Tanımlar ve Korumadan Yararlanacak Kişiler

Amaç ve kapsam

Madde 1- (1) Bu Kanunun amacı; marka, coğrafi işaret, tasarım, patent, faydalı model ile geleneksel ürün adlarına ilişkin hakların korunması ve bu suretle teknolojik, ekonomik ve sosyal ilerlemenin gerçekleştirilmesine katkı sağlamaktır.

(2) Bu Kanun; marka, coğrafi işaret, tasarım, patent, faydalı model ile geleneksel ürün adlarına ilişkin başvuruları, tescil ve tescil sonrası işlemleri ve bu hakların ihlaline dair hukuki ve cezai yaptırımları kapsar.

Tanımlar

Madde 2- (1) Bu Kanunun uygulanmasında;

ç) Bülten: Yayım ortamının türüne bakılmaksızın bu Kanunda belirtilen hususların yayımlandığı ilgili yayını,

d) Çalışan: Özel hukuk sözleşmesi veya benzeri bir hukuki ilişki gereğince, başkasının hizmetinde olan ve bu hizmet ilişkisini işverenin gösterdiği belli bir işle ilgili olarak kişisel bir bağımlılık içinde ona karşı yerine getirmekle yükümlü olan kişiler ile kamu görevlilerini,

e) Kurum: Türk Patent ve Marka Kurumunu,

f) Kurul: Yeniden İnceleme ve Değerlendirme Dairesi Başkanlığı bünyesinde yer alan Kurulu,

ğ) Paris Sözleşmesi: 8/8/1975 tarihli ve 7/10464 sayılı Bakanlar Kurulu

Kararı ile onaylanan Sınai Mülkiyetin Himayesine Mahsus Milletlerarası Bir İttihat İhdas Edilmesine Dair 20/3/1883 tarihli Sözleşmeyi ve Türkiye Cumhuriyeti tarafından usulüne göre yürürlüğe konulmuş bu Sözleşme ile ilgili değişiklikleri,

h) Patent vekili: Patent, faydalı model ve tasarım haklarına ilişkin konularda, hak sahiplerini Kurum nezdinde temsil eden kişileri,

ı) Sınai mülkiyet hakkı: Markayı, coğrafi işareti, tasarımı, patent ve faydalı modeli,

i) Sicil: Sınai mülkiyet hakları ile geleneksel ürün adlarına ilişkin bilgilerin yer aldığı kayıt ortamını,

j) Ücret: Bu Kanun kapsamında yer alan hizmetlere ilişkin olarak ilgili mevzuat hükümlerine göre Kurum tarafından belirlenen varsa vergi ve harç dâhil ücreti,

ifade eder.

Korumadan yararlanacak kişiler

MADDE 3- (1) Bu Kanunla sağlanan korumadan;

a) Türkiye Cumhuriyeti vatandaşları,

b) Türkiye Cumhuriyeti sınırları içinde yerleşim yeri olan veya sınai ya da ticari faaliyette bulunan gerçek veya tüzel kişiler,

c) Paris Sözleşmesi veya 15/4/1994 tarihli Dünya Ticaret Örgütü Kuruluş Anlaşması hükümleri dâhilinde başvuru hakkına sahip kişiler,

ç) Karşılıklılık ilkesi uyarınca, Türkiye Cumhuriyeti uyruğundaki kişilere sınai mülkiyet hakkı koruması sağlayan devletlerin uyruğundaki kişiler,

yararlanır.

DÖRDÜNCÜ KİTAP
Patent ve Faydalı Model

BİRİNCİ KISIM
Patent Hakkı

BİRİNCİ BÖLÜM
Patentlenebilirlik Şartları

Patentlenebilir buluşlar ve patentlenebilirliğin istisnaları

MADDE 82- (1) Teknolojinin her alanındaki buluşlara yeni olması, buluş basamağı içermesi ve sanayiye uygulanabilir olması şartıyla patent verilir.

(2) Aşağıda belirtilenler buluş niteliğinde sayılmaz. Patent başvurusu veya patentin aşağıda belirtilen konu veya faaliyetlerle ilgili olması hâlinde, sadece bu konu veya faaliyetlerin kendisi patentlenebilirliğin dışında kalır:

a) Keşifler, bilimsel teoriler ve matematiksel yöntemler.

b) Zihni faaliyetler, iş faaliyetleri veya oyunlara ilişkin plan, kural ve yöntemler.

c) Bilgisayar programları.

ç) Estetik niteliği bulunan mahsuller, edebiyat ve sanat eserleri ile bilim eserleri.

d) Bilginin sunumu.

(3) Aşağıda belirtilen buluşlara patent verilmez:

a) Kamu düzenine veya genel ahlaka aykırı olan buluşlar.

b) Mikrobiyolojik işlemler veya bu işlemler sonucu elde edilen ürünler hariç olmak üzere, bitki çeşitleri veya hayvan ırkları ile bitki veya hayvan üretimine yönelik esas olarak biyolojik işlemler.

c) İnsan veya hayvan vücuduna uygulanacak teşhis yöntemleri ile cerrahi yöntemler dâhil tüm tedavi yöntemleri.

ç) Oluşumunun ve gelişiminin çeşitli aşamalarında insan bedeni ve bir gen dizisi veya kısmi gen dizisi de dâhil olmak üzere insan bedeninin öğelerinden birinin sadece keşfi.

d) İnsan klonlama işlemleri, insan eşey hattının genetik kimliğini değiştirme işlemleri, insan embriyosunun sınai ya da ticari amaçlarla kullanılması, insan ya da hayvanlara önemli bir tıbbi fayda sağlamaksızın hayvanlara acı çektirebilecek genetik kimlik değiştirme işlemleri ve bu işlemler sonucu elde edilen hayvanlar.

(4) Üçüncü fıkranın (a) bendi kapsamında buluşun ticari kullanımının sadece mevzuatla yasaklanmış olması, bu kullanımın kamu düzenine veya genel ahlaka aykırı olduğu anlamına gelmez.

(5) Üçüncü fıkranın (b) bendinde belirtilen mikrobiyolojik işlem, mikrobiyolojik materyal içeren, mikrobiyolojik bir materyalle gerçekleştirilen veya sonucunda mikrobiyolojik materyal oluşan herhangi bir işlemi; esas olarak biyolojik işlem, melezleme ya da seleksiyon gibi tamamen doğal bir olaydan oluşan bitki veya hayvan üretim usulünü ifade eder.

(6) Üçüncü fıkranın (c) bendinde yer alan hüküm, aynı bentte sayılan yöntemlerin herhangi birinde kullanılan ürünler, özellikle madde ve terkipler hakkında uygulanmaz.

Yenilik, buluş basamağı ve sanayiye uygulanabilir olma

MADDE 83- (1) Tekniğin bilinen durumuna dâhil olmayan buluşun yeni olduğu kabul edilir.

(2) Tekniğin bilinen durumu, başvuru tarihinden önce dünyanın herhangi bir yerinde, yazılı veya sözlü tanıtım yoluyla ortaya konulmuş veya kullanım ya da başka herhangi bir biçimde açıklanmış olan toplumca erişilebilir her şeyi kapsar.

(3) Başvuru tarihinde veya bu tarihten sonra yayımlanmış olan ve başvuru tarihinden önceki tarihli ulusal patent ve faydalı model başvurularının ilk içerikleri tekniğin bilinen durumu olarak dikkate alınır. Bu hüküm,

a) 5/1/1996 tarihli ve 96/7372 sayılı Bakanlar Kurulu Kararı ile katılmamız kararlaştırılan Patent İşbirliği Antlaşması uyarınca yapılan uluslararası patent başvurularından, Patent İşbirliği Antlaşmasının 22 nci ve 39 uncu maddelerine göre yönetmelikte belirtilen şartlara uygun olarak ulusal aşamaya giriş yapan patent ve faydalı model başvurularını,

b) 7/6/2000 tarihli ve 2000/842 sayılı Bakanlar Kurulu Kararı ile katılmamız kararlaştırılan Avrupa Patentlerinin Verilmesi ile İlgili Avrupa Patenti

Sözleşmesinin 153 üncü maddesinin beşinci fıkrasındaki gereklilikleri sağlayan, uluslararası başvuruya dayanan Avrupa Patenti başvurularını ve Avrupa Patenti Sözleşmesinin 79 uncu maddesinin ikinci fıkrasına göre Türkiye'nin belirlendiği ve ilgili belirleme ücretinin ödendiği Avrupa Patenti başvurularını,

da kapsar.

(4) Tekniğin bilinen durumu dikkate alındığında, ilgili olduğu teknik alandaki uzmana göre aşikâr olmayan buluşun, buluş basamağı içerdiği kabul edilir.

(5) Üçüncü fıkra uyarınca tekniğin bilinen durumu olarak dikkate alınan başvuruların ve belgelerin içerikleri, buluş basamağının değerlendirilmesinde dikkate alınmaz.

(6) Buluş, tarım dâhil sanayinin herhangi bir dalında üretilebilir veya kullanılabilir nitelikteyse, sanayiye uygulanabilir olduğu kabul edilir.

Buluşa patent veya faydalı model verilmesini etkilemeyen açıklamalar

MADDE 84- (1) Buluşa patent veya faydalı model verilmesini etkileyecek nitelikte olmakla birlikte, başvuru tarihinden önceki on iki ay içinde veya rüçhan hakkı talep edilmişse rüçhan hakkı tarihinden önceki on iki ay içinde ve aşağıda sayılan durumlarda açıklama yapılmış olması buluşa patent veya faydalı model verilmesini etkilemez:

a) Açıklamanın buluşu yapan tarafından yapılmış olması.

b) Açıklamanın patent başvurusu yapılan bir merci tarafından yapılmış olması ve bu merci tarafından açıklanan bilginin;

1) Buluşu yapanın başka bir başvurusunda yer alması ve söz konusu başvurunun ilgili merci tarafından açıklanmaması gerektiği hâlde açıklanması.

2) Buluşu yapandan doğrudan doğruya veya dolaylı olarak bilgiyi edinmiş olan üçüncü bir kişi tarafından, buluşu yapanın bilgisi veya izni olmadan yapılan başvuruda yer alması.

c) Açıklamanın buluşu yapandan doğrudan doğruya veya dolaylı olarak bilgi elde eden üçüncü kişi tarafından yapılmış olması.

(2) Birinci fıkraya göre, başvurunun yapıldığı tarihte patent veya faydalı model isteme hakkına sahip olan her kişi buluşu yapan sayılır.

(3) Birinci fıkranın uygulanmasından doğan sonuçlar, süreyle sınırlı değildir ve her zaman ileri sürülebilir.

(4) Birinci fıkranın uygulanması gerektiğini ileri süren taraf, şartların gerçekleştiğini veya gerçekleşmesinin beklendiğini ispatla yükümlüdür.

İKİNCİ BÖLÜM
Patent Hakkının Kapsamı

Patent hakkının kapsamı ve sınırları

MADDE 85- (1) Patent sahibi, buluşun yeri, teknoloji alanı ve ürünlerin ithal veya yerli üretim olup olmadığı konusunda herhangi bir ayrım yapmaksızın patent hakkından yararlanır.

(2) Patent sahibinin, izinsiz olarak yapılması hâlinde aşağıda belirtilen fiillerin önlenmesini talep etme hakkı vardır:

a) Patent konusu ürünün üretilmesi, satılması, kullanılması veya ithal edilmesi veya bu amaçlar için kişisel ihtiyaçtan başka herhangi bir nedenle elde bulundurulması.

b) Patent konusu olan bir usulün kullanılması.

c) Kullanılmasının yasak olduğu bilinen veya bilinmesi gereken usul patentinin kullanılmasının başkalarına teklif edilmesi.

ç) Patent konusu usul ile doğrudan doğruya elde edilen ürünlerin satılması, kullanılması, ithal edilmesi veya bu amaçlar için kişisel ihtiyaçtan başka herhangi bir nedenle elde bulundurulması.

(3) Aşağıda sayılan fiiller patentin sağladığı hakkın kapsamı dışındadır:

a) Sınai veya ticari bir amaç taşımayan ve özel maksatla sınırlı kalan fiiller.

b) Patent konusu buluşu içeren deneme amaçlı fiiller.

c) İlaçların ruhsatlandırılması ve bunun için gerekli test ve deneyler de dâhil olmak üzere, patent konusu buluşu içeren deneme amaçlı fiiller.

Ekler | 179

ç) Sadece bir reçetenin oluşturulması için eczanelerde yapılan ilaçların seri üretim olmadan hazırlanarak kullanılması ve bu şekilde hazırlanan ilaçlara ilişkin fiiller.

d) Patent konusu buluşun Paris Sözleşmesine taraf devletlerin gemi, uzay aracı, uçak veya kara nakil araçlarının yapımında veya çalıştırılmasında veya bu araçların ihtiyaçlarının karşılanmasında, söz konusu araçların geçici veya tesadüfi olarak Türkiye Cumhuriyeti sınırları içinde bulunması şartıyla kullanılması.

e) 5/6/1945 tarihli ve 4749 sayılı Kanunla onaylanan Milletlerarası Sivil Havacılık Anlaşmasının 27 nci maddesinde öngörülen ve bu madde hükümlerinin uygulandığı bir devletin hava aracı ile ilgili fiiller.

(4) 8/1/2004 tarihli ve 5042 sayılı Yeni Bitki Çeşitlerine Ait Islahçı Haklarının Korunmasına İlişkin Kanunda tanımlanan küçük çiftçinin kendi işlediği arazisinde, patent sahibi tarafından ya da onun izniyle satılan ya da başka bir ticari yolla sağlanan patentli bir ürün ile yaptığı üretim sonucunda ortaya çıkan üründen elde edeceği çoğaltım materyalini, yine kendi işlediği arazisinde yapacağı yeni üretimler için kullanabilme hakkı vardır. Bu kullanım hakkı, 5042 sayılı Kanun hükümlerine tabidir.

(5) Çiftçinin, patent sahibi tarafından veya onun izniyle satılan ya da başka bir ticari yolla sağlanan patentli damızlık veya diğer hayvan üreme materyalini, tarım amaçlı kullanma hakkı vardır. Bu hak, çiftçinin kendi tarım etkinliğini sürdürme amacıyla hayvan ya da diğer hayvan üreme materyalinin kullanılmasını kapsar. Bu hakkın kullanılmasına ilişkin usul ve esaslar yönetmelikle belirlenir.

(6) Patentin konusu kanunlara, genel ahlaka, kamu düzenine veya genel sağlığa zarar verecek şekilde kullanılamaz. Bu kullanım, mevcut veya gelecekte kabul edilecek belirli veya belirsiz süreli kanuni yasaklamalara ve sınırlamalara da bağlıdır.

Buluşun dolaylı kullanımının önlenmesi

MADDE 86- (1) Patent sahibinin, patent konusu buluşun uygulanmasını mümkün kılan ve buluşun esasını teşkil eden bir kısmı ile ilgili unsurların veya araçların üçüncü kişiler tarafından, patent konusu buluşu kullanmaya yetkili olmayan kişilere verilmesini önleme hakkı vardır. Bu hükmün uygulanabilmesi için söz konusu üçüncü kişilerin, bu unsurların veya araçların buluşu uygulamaya yeterli olduğunu bilmeleri ve bu amaçla kullanılacağını bilmeleri veya bu durumun yeterince açık olması gerekir.

(2) Birinci fıkrada sözü edilen unsurlar veya araçlar piyasada her zaman bulunabilen ürünlerse üçüncü kişiler söz konusu yetkili olmayan kişileri belirtilen fiilleri yapmaya teşvik etmediği takdirde birinci fıkra hükmü uygulanmaz.

(3) 85 inci maddenin üçüncü fıkrasının (a), (b), (c) ve (ç) bentlerinde belirtilen fiilleri yapanlar, birinci fıkra hükmüne göre patenti kullanmaya yetkili olmayan kişilerden sayılmaz.

Önceki kullanımdan doğan hak

MADDE 87- (1) Başvuru tarihinde veya bu tarihten önce buluşu iyiniyetli olarak ülke içinde kullanmakta olan veya kullanım için ciddi ve gerçek tedbirler almış kişilere karşı, patent konusu buluşu aynı şekilde kullanmaya devam etmelerini veya alınmış tedbirlere uygun olarak kullanmaya başlamalarını, patent başvurusu veya patent sahibinin önleme hakkı yoktur. Ancak söz konusu kişilerin patent konusu buluşu kullanmaya devam etmeleri veya alınmış tedbirlere uygun kullanımları, sahip oldukları işletmenin makul ihtiyaçlarını giderecek ölçüde olabilir. Önceki kullanımdan doğan hak, lisans verilmesi suretiyle genişletilemez ve bu hak, ancak işletme ile birlikte devredilebilir.

(2) Birinci fıkrada sözü edilen kişilerce satışa sunulmuş olan ürünlerle ilgili fiiller, patentin sağladığı hakkın kapsamı dışındadır.

Kanuni tekel

MADDE 88- (1) Sermayesinin tamamı Devlete ait olup tekel niteliğindeki mal ve hizmetleri, kamu yararı gözeterek üretmek ve pazarlamak üzere kurulan ve gördüğü bu kamu hizmeti dolayısıyla ürettiği mal ve hizmetler konusunda tekel hakkına sahip olan kamu iktisadi teşebbüslerinin faaliyet alanına giren konularla ilgili bir buluş için patent verildiğinde, tekel sahibinin buluşu kullanabilmesi patent sahibinin iznine bağlıdır. Tekel sahibi iştigal ettiği sanayi alanında büyük ölçüde ekonomik yarar ve önemli bir teknik ilerleme sağlayabilecek buluşları, kullanım hakkını elde ederek uygulamakla yükümlüdür.

(2) Tekel sahibi patent konusu buluşun kullanımını elde etmek için, patent sahibinden izin vermesini talep etme hakkına sahiptir. Tekel sahibi böyle bir talepte bulunduğunda patent sahibi ondan patenti devralmasını isteyebilir. Patent konusu buluşun kullanılması karşılığında veya patentin tekel sahibince devralınması hâlinde ödenecek bedel taraflarca belirlenir. Tarafların anlaşamamaları hâlinde, söz konusu bedel mahkemece tespit edilir.

(3) İkinci fıkra hükümleri saklı kalmak kaydıyla tekel, patentin verilmesinden sonra oluşmuşsa patent sahibi tekel sahibinden buluşun kullanılmakta olduğu işletme veya tesisatı da devralmasını talep etme hakkına sahiptir. Tarafların anlaşamamaları hâlinde, söz konusu bedel mahkemece tespit edilir.

(4) Mevcut bir kanuni tekel yüzünden patent konusu buluş kullanılamıyorsa, söz konusu patent için yıllık ücret ödenmez.

Korumanın kapsamı

MADDE 89- (1) Patent başvurusu veya patentin sağladığı korumanın kapsamı istemlerle belirlenir. Bununla birlikte istemlerin yorumlanmasında tarifname ve resimler kullanılır.

(2) İstemler, kullanılan kelimelerin verdiği anlamla sınırlı olarak yorumlanamaz. Ancak istemler, koruma kapsamının tespitinde, buluşu yapan tarafından düşünülen fakat istemlerde talep edilmeyen, buna karşılık ilgili teknik alanda uzman bir kişi tarafından tarifname ve resimlerin yorumlanması ile ortaya çıkacak özellikleri kapsayacak şekilde genişletilemez.

(3) İstemler, başvuru veya patent sahibine hakkı olan korumayı sağlayacak ve üçüncü kişilere de korumanın kapsamı açısından makul bir düzeyde kesinlik ifade edecek şekilde yorumlanır.

(4) Patent başvurusunun sağladığı korumanın kapsamı, patentin verilmesine kadar geçen süre için başvurunun yayımlanmış olan istemleri ile belirlenir. Ancak patentin verildiği hâli veya itiraz veya hükümsüzlük işlemleri sonucunda değiştirilmiş hâli, koruma alanının genişletilmemiş

olması şartıyla başvurunun sağladığı korumayı geçmişe dönük olarak belirler.

(5) Patent başvurusunun veya patentin sağladığı koruma kapsamının belirlenmesinde, tecavüzün varlığının ileri sürüldüğü tarihte istemlerde belirtilmiş unsurlara eşdeğer nitelikte olan unsurlar da dikkate alınır. Bir unsur, esas itibarıyla istemlerde talep edilen unsur ile aynı işlevi görüyor, bu işlevi aynı şekilde gerçekleştiriyor ve aynı sonucu ortaya çıkarıyorsa, genel olarak istemlerde talep edilen unsurun eşdeğeri olarak kabul edilir.

(6) İstemlerin kapsamını belirlemek için patentin verilmesi ile ilgili işlemler sırasında veya patentin geçerliliği süresince, koruma kapsamının belirlenmesinde patent başvurusu veya patent sahibinin beyanları dikkate alınır.

(7) Patent, buluşla ilgili örnekler içeriyorsa istemler bu örneklerle sınırlı olarak yorumlanamaz. Özellikle ürün veya usulün sahip olduğu ilave özelliklerin patentte açıklanan örneklerde bulunmaması, bu örneklerde bulunan özellikleri kapsamaması veya bu örneklerde belirtilen her amaç veya özelliği gerçekleştirememesi hâllerinde, ürün veya usul istemlerle sağlanan koruma kapsamının dışında tutulmaz.

İKİNCİ KISIM
Başvuru, Patentin Verilmesi ve İtiraz

BİRİNCİ BÖLÜM
Başvuru ve Rüçhan Hakkı

Patent başvurusu için gerekli belgeler ve başvuru tarihinin kesinleşmesi

MADDE 90- (1) Patent başvurusu;

a) Başvuru formunu,

b) Buluş konusunu açıklayan tarifnameyi,

c) İstemleri,

ç) Tarifnamede veya istemlerde atıf yapılan resimleri,

d) Özeti,

e) Başvuru ücretinin ödendiğini gösterir bilgiyi,

kapsar.

(2) Tarifname, istemler, özet ve varsa resimler başvuru sırasında Paris Sözleşmesi veya Dünya Ticaret Örgütü Kuruluş Anlaşmasına taraf veya karşılıklılık ilkesini uygulayan devletlerin resmî dillerinden birinde verilebilir.

(3) Aşağıdaki unsurların tamamının Kuruma verildiği tarih itibarıyla patent başvuru tarihi kesinleşir ve başvuru işleme alınır:

a) Patent verilmesi talebi.

b) Başvuru sahibinin kimlik ve iletişim bilgileri.

c) Türkçe veya ikinci fıkrada belirtilen yabancı dillerden biri ile yazılmış tarifname veya önceki bir başvuruya yapılan atıf.

(4) Buluş, genetik kaynağa veya genetik kaynakla bağlantılı geleneksel bilgiye dayanıyorsa bu kaynağın nereden alındığına ilişkin açıklamaya, patent başvurusunda yer verilir.

(5) Buluşu yapan, başvuruda belirtilir. Ancak buluşu yapan, isminin gizli tutulmasını isteyebilir. Başvuru sahibinin buluşu yapan olmaması veya buluşu yapanlardan sadece biri veya birkaçı olması hâlinde bu kişiler, patent başvuru hakkını ne şekilde elde ettiklerini başvuruda açıklamak zorundadır.

(6) Buluşu yapanın başvuru veya patent sahibinden buluşu yapan olarak tanınmasını ve adının belirtilmesini isteme hakkı vardır.

(7) Başvuruya ilişkin usul ve esaslar yönetmelikle belirlenir.

Buluş bütünlüğü ve bölünmüş başvuru

MADDE 91- (1) Patent veya faydalı model başvurusu, tek bir buluşu veya tek bir genel buluş fikrini oluşturacak şekilde bir araya gelmiş buluşlar grubunu içerir. Bu hükme uygun olmayan başvurular, başvuru sahibinin talebi veya Kurumun bildirimi üzerine bölünmüş başvurulara ayrılır.

(2) Buluş bütünlüğüne bakılmaksızın başvuru sahibinin talebi üzerine her başvuru için bölünmüş başvuru yapılabilir.

(3) Bölünmüş başvuru, işlemleri devam eden başvuru ile ilgili olarak bu başvuru konusunun kapsamını aşmayacak şekilde yapılır. Bölünmüş başvuruyla birlikte geçmiş yıllara ait yıllık ücretler de ödenir.

(4) Bölünmüş her başvuru için başvuru tarihi, ilk başvurunun tarihidir. İlk başvuruda rüçhan hakkı talep edilmişse bu hak bölünmüş her başvuruya da tanınır.

(5) Bölünmüş başvurulara ilişkin diğer usul ve esaslar yönetmelikle belirlenir.

(6) Bu maddeye uygun olarak yapılmayan bölünmüş başvurular işleme alınmaz.

Buluşun açıklanması, tarifname, istemler ve özet

MADDE 92- (1) Buluş, buluş konusunun ilgili olduğu teknik alanda uzman bir kişi tarafından buluşun uygulanabilmesini sağlayacak şekilde yeterince açık ve tam olarak patent başvurusunda, tarifname, istemler ve tarifnamede veya istemlerde atıf yapılan resimlerle açıklanır.

(2) Buluş, toplum tarafından erişilemeyen ve patent başvurusunda ilgili teknik alandaki uzman tarafından buluşun uygulanmasına yeterli olacak şekilde tanımlanamayan bir biyolojik materyalle ilgiliyse veya bu materyalin kullanımını içeriyorsa bu materyalin tevdi edilmesi hâlinde, buluşun birinci fıkraya uygun olarak açıklandığı kabul edilir.

(3) İkinci fıkraya göre tevdi edilen biyolojik materyal, tevdi kuruluşunda erişilebilir olmaktan çıkarsa; bu materyalin 5/8/1997 tarihli ve 97/9731 sayılı Bakanlar Kurulu Kararı ile katılmamız kararlaştırılan Patent İşlemleri Amacıyla Mikroorganizmaların Tevdi Edilmesinin Uluslararası Kabulü Konusunda Budapeşte Anlaşmasına uygun şekilde yeniden tevdi edilmesi ve materyalin alındığına ilişkin tevdi kuruluşu tarafından verilen belgenin suretinin tevdi tarihinden itibaren dört ay içinde patent başvurusunun veya belgesinin numarası belirtilerek Kuruma gönderilmesi hâlinde, bu erişimin kesintiye uğramadığı kabul edilir.

(4) İstemlerin dayanağı tarifname olup, istemler korunması talep edilen konuyu tanımlamalı, açık ve öz olmalı ve tarifnamede tanımlanan buluşun kapsamını aşmamalıdır.

(5) Özet, sadece teknik bilgi verme amacını taşır. Başka amaçlar için özellikle koruma kapsamının belirlenmesinde veya 83 üncü maddenin üçüncü fıkrasının uygulanmasında kullanılmaz.

(6) Biyolojik materyalin tevdi edilmesine ilişkin şartlar yönetmelikle belirlenir.

Rüçhan hakkı ve etkisi

MADDE 93- (1) Türkiye de dâhil olmak üzere Paris Sözleşmesi veya Dünya Ticaret Örgütü Kuruluş Anlaşmasına taraf herhangi bir devlette patent veya faydalı model için usulüne uygun bir başvuruda bulunmuş herhangi bir kişi veya halefi, aynı buluş için Türkiye'de başvuru yapmak amacıyla, ilk başvurunun yapıldığı tarihten itibaren on iki aylık süre içinde, rüçhan hakkından yararlanır.

(2) Paris Sözleşmesi veya Dünya Ticaret Örgütü Kuruluş Anlaşmasına taraf herhangi bir devletin ulusal mevzuatına göre veya yine bu devletlerin oluşturduğu ikili veya çok taraflı anlaşmalara ya da bu Kanuna göre, usulüne uygun yapılmış ulusal başvuruya eşdeğer her başvurunun rüçhan hakkı doğuracağı kabul edilir.

(3) Usulüne uygun yapılmış ulusal başvuru, başvurunun yapıldığı tarihi, başvurunun sonucu ne olursa olsun, başvuru tarihi olarak almaya yeterli bir başvurudur.

(4) Aynı devlete yapılmış olan ve önceki ilk başvuru ile aynı konudaki sonraki bir başvuru sonraki başvurunun yapıldığı tarihte, önceki başvurunun kamunun incelemesine açılmadan ve geride herhangi bir hak bırakmadan geri çekilmesi, geri çekilmiş sayılması veya reddedilmesi ve bir rüçhan hakkı talebine temel oluşturmaması şartıyla rüçhanın belirlenmesinde ilk başvuru olarak kabul edilir. Bu durumda önceki başvuru rüçhan hakkı talebi için dayanak oluşturmaz.

(5) İlk başvuru, Paris Sözleşmesi veya Dünya Ticaret Örgütü Kuruluş Anlaşmasına taraf olmayan bir devletin sınai mülkiyet makamına yapılmışsa

bu makamın, Paris Sözleşmesinde belirtilenlerle eşdeğer etkiler ve şartlar altında, Türkiye'ye yapılan bir ilk başvurunun rüçhan hakkı doğurduğunu kabul etmesi durumunda, karşılıklılık ilkesi uyarınca bu başvuru hakkında birinci ila dördüncü fıkra hükümleri uygulanır.

(6) Türkiye'de açılan ulusal veya uluslararası sergiler ile Paris Sözleşmesine taraf ülkelerde açılan resmî veya resmî olarak tanınan uluslararası sergilerde, patent veya faydalı model konusunu kapsayan ürününü teşhir eden gerçek veya tüzel kişiler, sergideki teşhir tarihinden itibaren on iki ay içinde Türkiye'de patent veya faydalı model almak için başvuru yapma konusunda rüçhan hakkından yararlanır.

(7) Rüçhan tarihi, 83 üncü maddenin ikinci ve üçüncü fıkraları ile 109 uncu maddenin üçüncü fıkrasının uygulanmasında başvuru tarihi etkisine sahip olur.

Rüçhan hakkının talep edilmesi ve hükmü

MADDE 94- (1) Rüçhan hakkı talebi, ücreti ödenerek başvuruyla birlikte veya başvuru tarihinden itibaren iki ay içinde yapılır ve bu talebe ilişkin belgeler, başvuru tarihinden itibaren üç ay içinde Kuruma sunulur. Aksi takdirde rüçhan hakkı talebi yapılmamış sayılır.

(2) Başvuruda, farklı ülkelerden kaynaklanmış olmasına bakılmaksızın birden çok rüçhan hakkı talep edilebilir. Uygun durumda, her bir istem için birden çok rüçhan hakkı talep edilebilir. Birden çok rüçhan hakkı talep edildiği durumda, rüçhan tarihinden itibaren işleyen süreler, rüçhanın en erken tarihli olanından başlar.

(3) Bir veya birden çok rüçhan hakkı talebinde bulunulmuşsa rüçhan hakkı sadece rüçhan hakkının doğduğu başvuru veya başvuruların içerdiği unsurları kapsar.

(4) Rüçhan hakkı talep edilen buluşun belirli unsurları, rüçhan hakkının doğduğu patent başvurusunun istemlerinde yer almamış olsa dahi, rüçhan hakkının doğduğu patent başvurusunun bir bütün olarak bu unsurları açıkça belirtmesi şartıyla rüçhan hakkı bu unsurlar için de kabul edilir.

(5) Rüçhan hakkı talebine ilişkin usul ve esaslar yönetmelikle belirlenir.

İKİNCİ BÖLÜM
Patentin Verilmesi

Başvurunun şeklî şartlara uygunluk açısından incelenmesi

MADDE 95- (1) 90 ıncı maddenin üçüncü fıkrasında belirtilen unsurlardan herhangi birinin eksik olması hâlinde başvuru işleme alınmaz.

(2) İşleme alınan başvuruda 90 ıncı maddenin birinci fıkrasında belirtilen unsurlardan en az birinin eksik olması veya 90 ıncı maddenin ikinci fıkrası gereğince unsurların yabancı dilde verilmesi hâlinde, bildirime gerek olmaksızın başvuru tarihinden itibaren iki ay içinde eksiklikler giderilir veya Türkçe çeviriler verilir. Aksi takdirde, başvuru geri çekilmiş sayılır.

(3) Kurum, 90 ıncı maddenin birinci fıkrasında belirtilen unsurları tam olan veya ikinci fıkraya uygun olarak unsurları tamamlanan başvuruyu, 90 ıncı maddenin dördüncü ve beşinci fıkraları ile yönetmelikle belirlenen diğer şeklî şartlara uygunluk bakımından inceler.

(4) Başvurunun şeklî şartlara uygun olmadığı anlaşılırsa, başvuru sahibinden bildirim tarihinden itibaren iki ay içinde eksikliği gidermesi istenir. Eksikliğin bu süre içinde giderilmemesi hâlinde başvuru reddedilir.

(5) Başvurunun şeklî şartlara uygunluk bakımından eksikliğinin olmadığı anlaşılırsa veya eksiklikler süresi içinde giderilirse 96 ncı madde hükmü uyarınca araştırma raporu düzenlenir.

Araştırma talebi, araştırma raporunun düzenlenmesi ve yayımlanması

MADDE 96- (1) Başvuru sahibi başvuruyla birlikte veya bildirime gerek olmaksızın başvuru tarihinden itibaren on iki ay içinde ücretini ödemek kaydıyla araştırma talebinde bulunur. Aksi takdirde başvuru geri çekilmiş sayılır.

(2) Başvuru sahibinin birinci fıkra hükmüne uygun olarak araştırma talebinde bulunması durumunda, başvurunun şeklî şartlara uygunluk bakımından eksikliğinin olmadığı anlaşılırsa veya eksiklikler süresi içinde giderilirse araştırma raporu düzenlenir, başvuru sahibine bildirilir ve Bültende yayımlanır. Araştırma raporu, başvurunun 97 nci madde uyarınca yayımlanmış olması hâlinde ayrı olarak, yayımlanmamış olması hâlinde ise başvuru ile birlikte Bültende yayımlanır.

(3) Başvuru konusunun 82 nci maddenin ikinci ve üçüncü fıkraları kapsamına girdiği sonucuna varılırsa veya tarifnamenin ya da tüm istemlerin yeterince açık olmaması araştırma raporunun düzenlenmesini engelliyorsa araştırma raporu düzenlenmez. Başvuru sahibinden bu konudaki itirazlarını veya başvurudaki değişikliklerini, bildirim tarihinden itibaren üç ay içinde sunması istenir. Bu süre içinde itirazda bulunulmaması veya itirazın ya da yapılan değişikliklerin Kurum tarafından kabul edilmemesi hâlinde başvuru reddedilir. İtirazın ve varsa yapılan değişikliklerin kabul edilmesi hâlinde araştırma raporu düzenlenir, başvuru sahibine bildirilir ve Bültende yayımlanır.

(4) Bakanlar Kurulu, birinci fıkrada belirtilen on iki aylık araştırma talebi süresini yarısına kadar indirmeye yetkilidir.

(5) Araştırma talebinin yapılması ve araştırma raporunun düzenlenmesine ilişkin usul ve esaslar yönetmelikle belirlenir.

Başvurunun yayımlanması ve etkileri

MADDE 97- (1) Başvuru veya varsa rüçhan tarihinden itibaren on sekiz aylık sürenin dolması veya bu süre dolmadan başvuru sahibinin erken yayım talebi üzerine, patent veya faydalı model başvurusu Bültende yayımlanır.

(2) Patent başvurusunun yayımlandığı tarihten itibaren üçüncü kişiler, patent başvurusuna konu olan buluşun patent verilebilirliğine ilişkin görüşlerini sunabilir. Ancak bu kişiler, bu aşamada Kurum nezdindeki işlemlere taraf olamaz.

(3) Birinci fıkrada belirtilen on sekiz aylık süre dolmadan önce patent verilmesi kararı verilmişse patent başvurusu ve patent birlikte yayımlanır.

(4) Bu Kanun hükümlerine göre patente sağlanan koruma, patent başvurusunun Bültende yayımlandığı tarihten itibaren, başvuru sahibine geçici olarak tanınır.

(5) Patent başvurusu sahibinin izni olmadan başvuru konusu buluşu kullanan kişi, patent başvurusu ve kapsamından haberdar edilmişse dördüncü fıkrada belirtilen koruma, başvurunun yayımlandığı tarihten önce de söz konusu olur.

(6) Patent başvurusuna konu olan buluş, mikroorganizmalarla ilgiliyse koruma mikroorganizmanın erişilebilir hâle gelmesinden itibaren başlar.

(7) Patent başvurusunun geri çekilmesi, geri çekilmiş sayılması veya reddedilmesi hâlinde yukarıdaki fıkralarda belirtilen sonuçlar doğmamış sayılır.

(8) Başvurunun yayımlanması ve üçüncü kişi görüşlerinin sunulmasına ilişkin usul ve esaslar yönetmelikle belirlenir.

İnceleme talebi, inceleme raporunun düzenlenmesi ve patentin verilmesi

MADDE 98- (1) Başvuru sahibi, araştırma raporunun bildirim tarihinden itibaren üç ay içinde ücretini ödeyerek incelemenin yapılmasını talep eder. Aksi takdirde başvuru geri çekilmiş sayılır.

(2) Kurum, başvuru sahibinin inceleme talebi üzerine başvurunun ve buna ilişkin buluşun, bu Kanun hükümlerine uygunluğunu inceler.

(3) Başvurunun veya buna ilişkin buluşun bu Kanun hükümlerine uygun olmadığı tespit edilirse başvuru sahibine, görüşlerini sunması ve başvurunun kapsamını aşmaması şartıyla değişiklikler yapması konusunda bildirim yapılır ve gerekli görüldükçe bu tür bildirimler tekrarlanır. Ancak bu kapsamda yapılacak bildirimlerin sayısı üçten fazla olamaz.

(4) Başvuru sahibine üçüncü fıkrada belirtilen bildirimlere görüş sunması veya değişiklik yapabilmesi için bildirim tarihinden itibaren üç aylık süre tanınır. Bu süre içinde görüş bildirilmediği veya değişiklik yapılmadığı takdirde başvuru geri çekilmiş sayılır.

(5) Yapılan inceleme sonucunda düzenlenen inceleme raporunda başvuru ve buna ilişkin buluşun bu Kanun hükümlerine uygun olduğunun belirtilmiş olması hâlinde patentin verilmesine karar verilir, başvuru sahibine bildirilir, bu karar ve patent Bültende yayımlanır.

(6) İnceleme raporuna göre patentin verilebilmesi için değişiklik yapılmasının gerekli olduğu durumda bildirim tarihinden itibaren iki ay içinde değişikliklerin yapılması istenir. Yapılan değişikliklerin kabul edilmesi hâlinde patentin verilmesine karar verilir, bu durum başvuru sahibine bildirilir, bu karar ve patent Bültende yayımlanır. Değişikliklerin yapılmaması

veya yapılan değişikliklerin Kurum tarafından kabul edilmemesi hâlinde başvuru geri çekilmiş sayılır, bu karar başvuru sahibine bildirilir ve Bültende yayımlanır.

(7) Patentin verilmesine ilişkin yayımdan sonra talep edilmesi ve belge düzenleme ücretinin ödenmesi hâlinde, düzenlenen belge patent sahibine verilir.

(8) İnceleme raporunda, başvurunun ve buna ilişkin buluşun bu Kanun hükümlerine uygun olmadığı belirtilmişse başvuru Kurum tarafından reddedilir, bu karar başvuru sahibine bildirilir ve Bültende yayımlanır.

(9) Patentin verilmiş olması, onun geçerliliği ve yararlılığı konusunda Kurum tarafından garanti verildiği şeklinde yorumlanamaz, Kurumun sorumluluğunu da doğurmaz.

(10) İnceleme talebi, inceleme raporunun düzenlenmesi ve patentin verilmesine ilişkin usul ve esaslar yönetmelikle belirlenir.

ÜÇÜNCÜ BÖLÜM
İtiraz ve İtirazın İncelenmesi

İtiraz ve itirazın incelenmesi

MADDE 99- (1) Üçüncü kişiler, patentin verilmesi kararının Bültende yayımlanmasından itibaren altı ay içinde ücretini ödeyerek söz konusu patente;

a) Patent konusunun, 82 nci ve 83 üncü maddelere göre patent verilebilirlik şartlarını taşımadığı,

b) Buluşun, 92 nci maddenin birinci ila üçüncü fıkraları uyarınca yeterince açıklanmadığı,

c) Patent konusunun, başvurunun ilk hâlinin kapsamını aştığı veya patentin, 91 inci maddeye göre yapılan bölünmüş bir başvuruya veya 110 uncu maddenin üçüncü fıkrasının (b) bendine göre yapılan bir başvuruya dayanması durumunda en önceki başvurunun ilk hâlinin kapsamını aştığı,

gerekçelerinden en az birini ileri sürerek itiraz edebilir.

(2) İtiraza ilişkin ücretin birinci fıkrada belirtilen süre içinde ödenmemesi veya itirazın yönetmelikle belirlenen şartlara uygun olarak yapılmaması hâlinde itiraz yapılmamış sayılır.

(3) İtiraz yapılmaması veya itirazın yapılmamış sayılması durumunda, patentin verilmesi hakkındaki karar kesinleşir ve nihai karar Bültende yayımlanır.

(4) Kurum, yapılan itirazı patent sahibine bildirir. Patent sahibi bu bildirim tarihinden itibaren üç ay içinde görüşlerini sunabilir veya patentte değişiklikler yapabilir. İtiraz, patent sahibinin görüşleri ve patentte değişiklik talepleri de dikkate alınarak, Kurul tarafından incelenir.

(5) Kurul, patentin veya değiştirilmiş hâlinin bu Kanuna uygun olduğu görüşündeyse patentin ya da varsa değiştirilmiş hâlinin devamına, uygun olmadığı görüşündeyse patentin hükümsüzlüğüne karar verir ve bu durumda 139 uncu maddede belirtilen hükümsüzlük sonuçları doğar. Hükümsüzlük kararı Bültende yayımlanır.

(6) Kurul, patentin veya değiştirilmiş hâlinin bu Kanuna kısmen uygun olduğu görüşündeyse patentin bu kısım itibarıyla devamına karar vererek patent sahibinden bildirim tarihinden itibaren iki ay içinde gerekli değişiklikleri yapmasını ister. Söz konusu değişikliğin yapılmaması veya yapılan değişikliğin kabul edilmemesi hâlinde patentin hükümsüzlüğüne karar verilir ve bu durumda 139 uncu maddede belirtilen hükümsüzlük sonuçları doğar. Hükümsüzlük kararı Bültende yayımlanır.

(7) İtiraz sonucunda verilen nihai karar Bültende yayımlanır. Beşinci ve altıncı fıkra uyarınca patentin değiştirilmiş hâliyle devamına karar verilmesi durumunda, patentin değiştirilmiş hâli Bültende yayımlanır.

(8) İtiraz ve itirazın incelenmesine ilişkin usul ve esaslar yönetmelikle belirlenir.

Kurum kararlarına itiraz

MADDE 100- (1) 99 uncu madde hükümleri saklı kalmak üzere, Kurumun almış olduğu kararlara patent başvurusu sahibi, patent sahibi veya ilgili üçüncü kişiler tarafından kararın bildirim tarihinden itibaren iki ay içinde itiraz edilebilir. Bu madde kapsamında yapılan itirazlar Kurul tarafından incelenir.

DÖRDÜNCÜ BÖLÜM
Koruma Süresi ve Yıllık Ücretler

Koruma süresi ve yıllık ücretler

MADDE 101- (1) Başvuru tarihinden başlamak üzere, patentin koruma süresi yirmi yıl, faydalı modelin koruma süresi on yıldır. Bu süreler uzatılamaz.

(2) Patent başvurusu veya patentin korunması için gerekli olan yıllık ücretler, patentin koruma süresi boyunca, başvuru tarihinden itibaren ikinci yılın sona erdiği tarihte ve devam eden her yıl vadesinde ödenir. Vade tarihi, başvuru tarihine tekabül eden ay ve gündür.

(3) Yıllık ücretler, ikinci fıkrada belirtilen vadede ödenmemesi hâlinde, ek ücretle birlikte vadeyi takip eden altı ay içinde de ödenebilir.

(4) Yıllık ücretlerin üçüncü fıkrada belirtilen sürede de ödenmemesi hâlinde, patent hakkı bu ücretin vade tarihi itibarıyla sona erer, patent hakkının sona erdiğine ilişkin bildirim yapılır ve bu durum Bültende yayımlanır. Patent hakkının sona erdiğine ilişkin bildirim tarihinden itibaren iki ay içinde telafi ücretinin ödenmesi hâlinde patent hakkı, ücretin ödendiği tarih itibarıyla yeniden geçerlilik kazanır ve Bültende yayımlanır. Patent hakkının sona erdiğine ilişkin bildirim en geç patent hakkının sona erdiği vade tarihinden başlayan bir yıllık sürenin bitimine kadar yapılır.

(5) Patentin yeniden geçerlilik kazanması, patent hakkının sona ermesi sonucunda hak kazanmış üçüncü kişilerin kazanılmış haklarını etkilemez. Üçüncü kişilerin hakları ve bunların kapsamı, mahkeme tarafından belirlenir.

ÜÇÜNCÜ KISIM
Patent Sürecine İlişkin İşlemler

Patent başvurusu ve patentin üçüncü kişilerce incelenmesi

MADDE 102- (1) Henüz yayımlanmamış patent başvuruları, başvuru sahibinin yazılı izni olmadan üçüncü kişiler tarafından incelenemez.

(2) Başvuru sahibinin, başvurunun sağladığı haklarını kendilerine karşı ileri sürmek istediğini ispat edebilen üçüncü kişiler, başvuru sahibinin izni olmaksızın, henüz yayımlanmamış patent başvurusunu inceleyebilir.

(3) 91 inci maddeye göre yapılan bölünmüş başvurunun veya 110 uncu maddenin üçüncü fıkrasının (b) bendine göre yapılan yeni patent başvurusunun yayımlanmış olması hâlinde, önceki patent başvurusu, başvuru sahibinin izni olmaksızın, başvurunun yayımlanmasından önce üçüncü kişiler tarafından incelenebilir.

(4) Patent başvurusu ve patentin üçüncü kişilerce incelenmesine ilişkin usul ve esaslar yönetmelikle belirlenir.

Patent başvurusunda ve patentte yapılacak değişiklikler ve düzeltmeler

MADDE 103- (1) Patent başvurusu, Kurum nezdinde yapılan işlemler süresince başvurunun ilk hâlinin kapsamını aşmamak şartıyla, başvuru sahibi tarafından değiştirilebilir.

(2) Patente itiraz edilmişse Kurum tarafından itiraza ilişkin nihai karar verilinceye kadar patentin sağladığı korumanın kapsamını aşmamak şartıyla patent, patent sahibi tarafından değiştirilebilir.

(3) Patent başvurusu veya patent dokümanlarında yer alan imla hataları ve açık maddi hatalar talep üzerine düzeltilir.

(4) Patent başvurusunda ve patentte yapılacak değişiklikler ve düzeltmelere ilişkin usul ve esaslar yönetmelikle belirlenir.

Patent başvurusunun faydalı model başvurusuna ve faydalı model başvurusunun patent başvurusuna dönüştürülmesi

MADDE 104- (1) Patent başvurusu sahibi, işlemleri devam eden başvurunun faydalı model başvurusuna dönüştürülmesini talep edebilir. Böyle bir talep yapılması hâlinde Kurum, bildirim tarihinden itibaren bir ay içinde gerekli belgeleri vermesi ve araştırma ücretini de ödeyerek araştırma talebinde bulunması gerektiğini başvuru sahibine bildirir. Bu süre içinde gerekli şartların yerine getirilmemesi hâlinde, dönüştürme talebi yapılmamış sayılır ve başvuru, patent başvurusu olarak işlem görmeye devam eder. Bu süre içinde gerekli şartların yerine getirilmesi hâlinde, başvuru hakkında 143 üncü maddenin altıncı ila onbirinci fıkralarında yer alan hükümler uygulanır.

(2) Faydalı model başvuru sahibi, en geç araştırma raporunun bildirim tarihini takip eden üç aylık sürenin bitimine kadar faydalı model başvurusunun patent başvurusuna dönüştürülmesini talep edebilir. Böyle bir talepte bulunulması hâlinde, Kurum, bildirim tarihinden itibaren bir ay içinde gerekli belgeleri vermesi ve araştırma ücretini de ödeyerek araştırma talebinde bulunması gerektiğini başvuru sahibine bildirir. Bu süre içinde gerekli şartların yerine getirilmemesi hâlinde, dönüştürme talebi yapılmamış sayılır ve başvuru, faydalı model başvurusu olarak işlem görmeye devam eder. Bu süre içinde gerekli şartların yerine getirilmesi hâlinde, bu Kanunun patent verilmesi ile ilgili hükümleri uygulanır.

(3) Başvurunun yayımlanmış olması hâlinde, patent başvurusunun faydalı model başvurusuna ya da faydalı model başvurusunun patent başvurusuna dönüştürülmesinin kabulü konusundaki Kurum kararı Bültende yayımlanır.

(4) Patent başvurusunun faydalı model başvurusuna ya da faydalı model başvurusunun patent başvurusuna dönüştürülmesi hâlinde, dönüşen başvuru için rüçhan hakkı talep edilmişse aynı rüçhan hakkı dönüşmüş başvuru için de tanınır.

(5) Patent başvurusundan faydalı model başvurusuna veya faydalı model başvurusundan patent başvurusuna dönüştürülmüş başvurular için yapılan yeniden dönüştürme talepleri işleme alınmaz.

(6) Patent başvurusunun faydalı model başvurusuna ve faydalı model başvurusunun patent başvurusuna dönüştürülmesine ilişkin usul ve esaslar yönetmelikle belirlenir.

Patent başvurusunun geri çekilmesi

MADDE 105- (1) Patent başvurusu, patentin verildiğinin ilan edildiği tarihten önce başvuru sahibi tarafından her zaman geri çekilebilir. Yayımlanmış bir patent başvurusunun geri çekildiği Bültende yayımlanır. Başvurunun geri çekildiği Bültende yayımlandıktan sonra bu talepten vazgeçilemez.

(2) Başvuru, sicilde patent başvurusu üzerinde hak tesis etmiş üçüncü kişilerin rızası olmaksızın geri çekilemez.

(3) Henüz yayımlanmamış bir patent başvurusu geri çekildiği, geri çekilmiş sayıldığı veya reddedildiği takdirde aynı buluş konusu için yeni bir patent başvurusu yapılabilir.

(4) Yayımlanmış başvuru geri çekilirse aynı buluş konusunda yeniden başvuru yapılamaz.

Sicile kayıt ve hükümleri

Madde 106- (1) Patent başvuruları ve patent, sicile kaydedilir. Sicil alenidir. Talep edilmesi ve ücretinin ödenmesi şartıyla patentin onaylı sureti verilir. Sicile kayıt, yayım ve tescil işlemlerine ilişkin usul ve esaslar yönetmelikle belirlenir.

(2) 111 inci maddenin birinci fıkrası hükmü saklı kalmak üzere, patent başvuruları veya patentlere ilişkin devirler ve lisanslar ile patent başvurularını ya da patentleri etkileyen iradi veya mecburi tasarruflar iyiniyetli üçüncü kişilere karşı sicile kayıt tarihinden itibaren hüküm doğurur.

(3) Patent başvurusunun veya patentin sağladığı haklar, usulüne uygun bir şekilde sicile kaydedilmedikçe, iyiniyetli üçüncü kişilere karşı ileri sürülemez.

(4) Patent başvurusunun veya patentin sağladığı hakları ileri süren kişi, patent başvurusu veya patent numarasını, haklarını ileri sürdüğü kişilere bildirmek zorundadır.

(5) Bir ürün ile bunun etiketleri ve ambalajları ile her türlü ilan, reklam veya basılı evrakı üzerinde, patent başvurusu veya patentin sağladığı korumanın mevcut olduğu izlenimini veren beyanların bulunması hâlinde, beyanları koyan kişi, patent başvurusu veya patent numarasını da belirtmek zorundadır.

İşlemlerin devam ettirilmesi ve hakların yeniden tesisi

MADDE 107- (1) Patent başvurusuna ilişkin işlemlere dair sürelere uymaması hâlinde başvuru sahibi, süreye uyulmamanın sonucunun bildirim tarihinden itibaren iki ay içinde, ücretini ödeyerek işlemlere devam edilmesini talep edebilir. Aksi takdirde bu talep reddedilir. Talebin kabul edilmesi hâlinde süreye uyulmamış olmanın getirdiği hukuki sonuçlar doğmamış sayılır.

(2) Patent başvurusu veya patent sahibi tarafından, patent başvurusu veya patentle ilgili işlemlerde şartların gerektirdiği özen gösterilmesine rağmen, uyulması gereken bir süreye uyulamamasının patent başvurusunun reddine, geri çekilmiş sayılmasına, 99 uncu madde uyarınca patentin hükümsüz kılınmasına veya diğer herhangi bir hakkın kaybına yol açması hâlinde, hakların yeniden tesisi talep edilebilir. Bu talep, uyulamamış olan sürenin bitiminden itibaren bir yılı geçmemek üzere, süreye uyulamama nedeninin ortadan kalkmasından itibaren iki ay içinde ücreti ödenerek yapılır. Aksi takdirde bu talep reddedilir. Talebin kabul edilmesi hâlinde süreye uyulmamış olmanın getirdiği hukuki sonuçlar doğmamış sayılır.

(3) Hakların yeniden tesis edilmesi hâlinde bu durum Bültende yayımlanır. Hakların kaybından başlamak üzere bu hakların yeniden tesisine ilişkin kararın yayımına kadar geçen sürede patent konusu buluşu iyiniyetli olarak Türkiye'de kullanan veya kullanım için ciddi ve gerçek tedbirler alan kişiler, sahip oldukları işletmenin makul ihtiyaçlarını giderecek ölçüde buluşu ücretsiz olarak kullanmaya devam edebilir.

(4) 101 inci maddenin dördüncü fıkrasında belirtilen telafi ücretinin ödenmesi için verilen süre ile 93 üncü maddenin birinci fıkrasında belirtilen süre ve yönetmelikle belirlenen işlemlere ilişkin süreler açısından birinci fıkra uyarınca işlemlere devam ettirilmesi talep edilemez.

(5) Bu madde hükümleri, işlemlere devam ettirilmesi veya hakların yeniden tesisi ile ilgili süreler açısından uygulanmaz.

(6) İşlemlerin devam ettirilmesine ve hakların yeniden tesisine ilişkin usul ve esaslar yönetmelikle belirlenir.

Hatalı işlemler

MADDE 108- (1) 138 inci ve 144 üncü maddelerde belirtilen hükümsüzlük nedenleri hariç olmak üzere, patent veya faydalı model başvurusunun ya da belgesinin bu Kanunda belirtilen şartları karşılamamasına rağmen hatalı olarak başvurunun veya belgenin işlemlerine devam edilmesi ve bu durumun itiraz üzerine ya da resen tespit edilmesi hâlinde, hatalı işlem ile devamındaki işlemler iptal edilerek işlemlere hatanın yapıldığı aşamadan devam edilir.

DÖRDÜNCÜ KISIM
Hak Sahipliği ve Gasp

Patent isteme hakkı

MADDE 109- (1) Patent isteme hakkı, buluşu yapana veya onun haleflerine ait olup bu hakkın başkalarına devri mümkündür.

(2) Buluş birden çok kişi tarafından birlikte gerçekleştirilmişse patent isteme hakkı, taraflar başka türlü kararlaştırmamışsa bunların tamamına aittir.

(3) Aynı buluş, birbirinden bağımsız olarak birden çok kişi tarafından gerçekleştirilmişse patent isteme hakkı, önceki tarihli başvurunun yayımlanmış olması şartıyla daha önce başvuru yapana aittir.

(4) Patent almak için ilk başvuran kişi, aksi ispat edilinceye kadar, patent isteme hakkının sahibidir.

Patent başvurularında hak sahipliğine ilişkin işlemler

MADDE 110- (1) Patent isteme hakkının başvuru sahibine ait olmadığı Kurum nezdinde iddia edilemez. Aksi ispat edilene kadar başvuru sahibinin, patent isteme hakkının sahibi olduğu kabul edilir.

(2) Patentin verilmesi işlemleri sırasında, patent isteme hakkının gerçek sahibi olduğunu 109 uncu maddenin birinci fıkrası uyarınca iddia eden kişi, başvuru sahibine karşı dava açabilir ve bu davayı Kuruma bildirir. Davaya ilişkin kararın kesinleşme tarihine kadar patentin verilmesi işlemleri mahkeme tarafından durdurulabilir.

(3) Hak sahipliğine ilişkin dava sonucunda verilecek kararın davacı lehine kesinleşmesi hâlinde, dava açan hak sahibi, geçerliliği devam eden başvuru için kararın kesinleşme tarihinden itibaren üç ay içinde;

a) Patent başvurusunun kendi başvurusu olarak kabul edilmesini ve yürütülmesini, Kurumdan isteyebilir.

b) Varsa aynı rüçhan hakkından yararlanarak aynı buluş için yeni bir patent başvurusu yapabilir.

c) Başvurunun reddedilmesini Kurumdan talep edebilir.

(4) Üçüncü fıkranın (b) bendi uyarınca yapılan başvuru, ilk başvurunun tarihi itibarıyla işlem görür ve bu durumda ilk başvuru geçersiz sayılır.

(5) Dava açan hak sahibi, kararın kesinleşme tarihinden itibaren üç ay içinde herhangi bir talepte bulunmazsa, dava konusu başvuru geri çekilmiş sayılır.

(6) Buluşu başvuru sahibi ile birlikte gerçekleştirdiğini öne sürerek kısmi bir hakkı bulunduğunu iddia eden kişi de ortak hak sahipliği tanınması talebi ile ikinci fıkra hükmüne göre dava açabilir.

(7) Üçüncü fıkra hükmü, 91 inci maddeye göre yapılan bölünmüş başvurular hakkında da uygulanır.

(8) İkinci fıkraya göre patent isteme hakkını belirlemek için açılan dava sonucunda verilecek kararın kesinleşmesine kadar başvuru, davacının rızası olmadan geri çekilemez.

(9) Dava devam ederken başvuruya patent verilirse başvurunun gaspı davası, patentin gaspı davasına dönüşür.

Patentin gaspı ve gaspın sona erdirilmesinin sonuçları

MADDE 111- (1) Patent, gerçek hak sahibinden başkasına verilmişse gerçek hak sahibi olduğunu 109 uncu maddenin birinci fıkrası hükmüne göre iddia eden kişi, patentin sağladığı diğer hak ve talepleri saklı kalmak şartıyla, patentin kendisine devredilmesini mahkemeden talep edebilir.

(2) Patent üzerinde kısmi bir hakkın iddia edilmesi hâlinde, birinci fıkra uyarınca ve paylı mülkiyet esaslarına göre hak sahipliği tanınması talep edilebilir.

(3) Birinci ve ikinci fıkralarda belirtilen haklar patentin verildiğine ilişkin

yayım tarihinden itibaren iki yıl içinde, kötüniyet hâlinde ise patentin koruma süresinin bitimine kadar kullanılır.

(4) Bu maddeye göre açılan dava ile bu dava sonucunda verilen ve kesinleşen hüküm sicile kaydedilerek Bültende yayımlanır ve sicile kaydedildiği tarih itibarıyla iyiniyetli üçüncü kişilere karşı hüküm ve sonuç doğurur.

(5) Bu maddeye göre patente ilişkin hak sahipliğinin değişmesi hâlinde, bu değişikliğin sicile kaydedilmesi ile birlikte, üçüncü kişilerin o patentle ilgili lisans ve tanınan diğer hakları sona erer.

(6) Beşinci fıkraya göre gerçek patent sahibinin sicile kayıt tarihinden önce; sonradan gerçek patent sahibi olmadığı anlaşılan kişi veya onunla davadan önce dava konusu patentle ilgili lisans anlaşması yapan, eğer buluşu kullanmaya başlamışsa veya kullanım için ciddi hazırlıklara başlamış bulunuyorsa, gerçek patent sahibi veya sahiplerinden inhisari olmayan bir lisans verilmesini talep edebilir.

(7) Bu talebin yapılması için öngörülen süre, önceden sicilde patent sahibi olarak görünen kişi için iki ve lisans alan için dört aydır. Bu süreler gerçek patent sahibinin sicile kaydedildiğinin Kurum tarafından ilgililere tebliğ edildiği tarihten itibaren başlar.

(8) Altıncı fıkraya göre verilecek lisans, makul süre ve şartlar ile verilir. Bu süre ve şartların belirlenmesinde, zorunlu lisansın verilmesine ilişkin hükümler kıyasen uygulanır.

(9) Patent sahibi veya lisans alan patenti kullanıma başladığı veya kullanım için ciddi hazırlıklar yaptığı sırada kötüniyetliyse altıncı ve yedinci fıkra hükümleri uygulanmaz.

Ortaklık ilişkisi ve patentin bölünmezliği

Madde 112- (1) Patent başvurusu veya patent birden çok kişiye aitse hak üzerindeki ortaklık taraflar arasındaki anlaşmaya göre, böyle bir anlaşma yoksa 4721 sayılı Kanundaki paylı mülkiyete ilişkin hükümlere göre belirlenir. Her hak sahibi diğerlerinden bağımsız olarak aşağıdaki işlemleri kendi adına yapabilir:

a) Kendisine düşen pay üzerinde serbestçe tasarrufta bulunur.

b) Diğer hak sahiplerine bildirimde bulunduktan sonra buluşu kullanabilir.

c) Patent başvurusu veya patentin korunması için gerekli önlemleri alabilir.

ç) Birlikte yapılan patent başvurusu veya alınan patentin sağladığı hakların herhangi bir şekilde tecavüze uğraması hâlinde üçüncü kişilere karşı hukuk davası açabilir. Diğer hak sahiplerinin davaya katılabilmeleri için, durum, davayı açan tarafından davanın açıldığı tarihten itibaren bir ay içinde kendilerine bildirilir.

(2) Buluşun kullanılması amacıyla üçüncü kişilere lisans verilmesi için hak sahiplerinin oybirliği şarttır. Ancak lisans verme konusunda oybirliği sağlanamaması hâlinde mahkeme, mevcut şartları göz önünde tutarak hakkaniyet gereğince bu yetkiyi hak sahiplerinden birine veya birkaçına verebilir.

(3) Üzerinde birden çok kişinin hak sahipliği söz konusu olsa dahi patent başvurusu veya patentin devri ya da üzerlerinde hak tesisi için bölünebilmeleri mümkün değildir.

BEŞİNCİ KISIM
Çalışanların Buluşları

Hizmet buluşu ve serbest buluş

MADDE 113- (1) Çalışanın, bir işletme veya kamu idaresinde yükümlü olduğu faaliyeti gereği gerçekleştirdiği ya da büyük ölçüde işletme veya kamu idaresinin deneyim ve çalışmalarına dayanarak, iş ilişkisi sırasında yaptığı buluş, hizmet buluşudur.

(2) Birinci fıkrada belirtilen hizmet buluşunun dışında kalan buluş, serbest buluş olarak kabul edilir.

(3) Öğrenciler ve ücretsiz olarak belirli bir süreye bağlı olmaksızın hizmet gören stajyerler hakkında çalışanlara ilişkin hükümler uygulanır.

(4) Çalışan buluşu için uygulanan hükümler, diğer kanuni düzenlemeler ve taraflar arasında yapılan sözleşme hükümleri saklı kalmak şartıyla, kamu kurum ve kuruluşlarında çalışanların buluşları hakkında da uygulanır.

(5) Kamu kurum ve kuruluşlarında çalışanlara buluşları için ödenecek bedel, buluştan elde edilen gelirin üçte birinden az olamaz. Ancak buluş konusunun kamu kurum veya kuruluşunun kendisi tarafından kullanılması hâlinde ödenecek bedel, bir defaya mahsus olmak üzere, bedelin ödendiği ay için çalışana ödenen net ücretin on katından fazla olamaz.

(6) 3/7/2014 tarihli ve 6550 sayılı Araştırma Altyapılarının Desteklenmesine Dair Kanun kapsamında yeterlik alan araştırma altyapılarında gerçekleşen buluşlar hakkında 6550 sayılı Kanunda yer alan hükümler uygulanır. 6550 sayılı Kanunda hüküm bulunmayan hâllerde bu Kanunun 121 inci maddesi hükmü kıyasen uygulanır.

Hizmet buluşuna dair bildirim yükümlülüğü

MADDE 114- (1) Çalışan, bir hizmet buluşu yaptığında, bu buluşunu yazılı olarak ve geciktirmeksizin işverene bildirmekle yükümlüdür. Buluş birden çok çalışan tarafından gerçekleştirilmişse, bu bildirim birlikte yapılabilir. İşveren, bildirimin kendisine ulaştığı tarihi, bildirimde bulunan kişi veya kişilere geciktirmeksizin ve yazılı olarak bildirir.

(2) Çalışan, teknik problemi, çözümünü ve hizmet buluşunu nasıl gerçekleştirmiş olduğunu, bildiriminde açıklamak zorundadır. Buluşun daha iyi açıklanması bakımından varsa resmini de işverene verir.

(3) Çalışan, yararlanmış olduğu işletme deneyim ve çalışmalarını, varsa diğer çalışanların katkılarını ve bu katkıların şeklini, yaptığı işle ilgili olarak aldığı talimatları ve söz konusu katkılar yanında kendisinin katkı payını da belirtir.

(4) İşveren, bildirimin kendisine ulaştığı tarihten itibaren iki ay içinde, bildirimin hangi hususlarda düzeltilmesi gerektiğini çalışana bildirir. Talepte bulunulmaması hâlinde, ikinci fıkrada belirtilen bildirim geçerli sayılır.

(5) Çalışanın bu Kanunda öngörülen şekilde bildirimde bulunabilmesi için, işveren gereken yardımı göstermek zorundadır.

(6) Çalışan, hizmet buluşunu, serbest buluş niteliği kazanmadığı sürece gizli tutmakla yükümlüdür.

İşverenin buluşa ilişkin hakkı ve hak talebinde bedel

MADDE 115- (1) İşveren, hizmet buluşu ile ilgili olarak tam veya kısmi hak talep edebilir. İşveren bu talebi, çalışanın bildiriminin kendisine ulaştığı tarihten itibaren dört ay içinde yazılı olarak çalışana bildirmek zorundadır. Çalışana böyle bir bildirimin süresinde yapılmaması veya hak talebinde bulunulmadığına dair bildirim yapılması hâlinde, hizmet buluşu serbest buluş niteliği kazanır.

(2) İşverenin hizmet buluşuna ilişkin tam hak talebinde bulunması hâlinde bununla ilgili bildirimin çalışana ulaşması ile buluş üzerindeki tüm haklar işverene geçmiş olur.

(3) İşverenin hizmet buluşuna ilişkin kısmi hak talep etmesi hâlinde, hizmet buluşu serbest buluş niteliği kazanır. Ancak bu durumda işveren, kısmi hakka dayanarak buluşu kullanabilir. Bu kullanma, çalışanın buluşunu değerlendirmesini önemli ölçüde güçleştiriyorsa çalışan, buluşa ilişkin hakkın tamamen devralınmasını veya kısmi hakka dayanan kullanım hakkından vazgeçilmesini işverenden isteyebilir. İşveren, çalışanın bu isteğine ilişkin bildirimine tebellüğ tarihinden itibaren iki ay içinde cevap vermezse, işverenin kısmi hakka dayanarak buluşu kullanma hakkı sona erer.

(4) İşverenin hizmet buluşuna ilişkin hak talebinde bulunmasından önce çalışanın buluş üzerinde yapmış olduğu tasarruflar, işverenin haklarını ihlal ettiği ölçüde, işverene karşı geçersiz sayılır.

(5) İşveren, tam hak talep etmediği takdirde, kendisine bildirimi yapılan buluşa ilişkin bilgileri, çalışanın haklı menfaatlerinin devamı süresince gizli tutmakla yükümlüdür.

(6) İşveren hizmet buluşu üzerinde tam hak talep ederse, çalışan makul bir bedelin kendisine ödenmesini işverenden isteyebilir. İşveren hizmet buluşu üzerinde kısmi hak talep ederse, işverenin buluşu kullanması hâ-

linde, çalışanın makul bir bedelin kendisine ödenmesini isteme hakkı doğar.

(7) Bedelin hesaplanmasında hizmet buluşunun ekonomik olarak değerlendirilebilirliği, çalışanın işletmedeki görevi ve işletmenin buluşun gerçekleştirilmesindeki payı da dikkate alınır.

(8) İşveren, hizmet buluşuna ilişkin talepte bulunduktan sonra, buluşun korunmaya değer olmadığını ileri sürerek bedelin ödenmesinden kaçınamaz. Ancak buluşun korunabilir olmadığı konusunda açılan dava sonucunda mahkemenin davanın kabulüne karar vermesi hâlinde çalışan, bedel talebinde bulunamaz.

(9) İşverenin hizmet buluşuna ilişkin kısmi veya tam hak talebinde bulunmasını takiben bedel ve ödeme şeklî, işveren ile çalışan arasında imzalanan sözleşme veya benzeri bir hukuk ilişkisi hükümlerince belirlenir.

(10) Hizmet buluşu birden çok çalışan tarafından gerçekleştirilmişse, bedel ve ödeme şekli her biri için, dokuzuncu fıkraya uygun olarak ayrı ayrı belirlenir.

(11) Çalışan buluşları ile ilgili bedel tarifesi ve uyuşmazlık hâlinde izlenecek tahkim usulü yönetmelikle belirlenir.

(12) Çalışan, serbest buluş niteliği kazanmış hizmet buluşu konusunda 119 uncu madde hükümlerine tabi olmaksızın dilediği şekilde tasarrufta bulunabilir.

Hizmet buluşu için patent başvurusu yapılması

MADDE 116- (1) İşveren, kendisine bildirimi yapılan hizmet buluşu için tam hak talebinde bulunmuşsa patent verilmesi amacıyla ilk başvuruyu Kuruma yapmakla yükümlüdür. Ancak işveren, işletme menfaatleri gerektiriyorsa, patent başvurusu yapmaktan kaçınabilir. İkinci fıkra hükmü saklı kalmak kaydıyla, başvuru yapmaktan kaçınılması durumunda, buluş için işverenin ödemesi gereken bedelin hesaplanmasında, patent alınmamasından kaynaklanan çalışan aleyhine muhtemel ekonomik kayıplar göz önünde tutulur.

(2) İşverenin hizmet buluşu için Kuruma ilk başvuru yükümlülüğü;

a) Hizmet buluşunun serbest buluş niteliği kazanması,

b) Çalışanın, buluşu için başvuru yapılmamasına rıza göstermesi,

c) İşletme sırlarının korunmasının başvuru yapmamayı gerektirmesi, hâllerinden en az birinin gerçekleşmesiyle ortadan kalkar.

(3) Hizmet buluşu serbest buluş niteliği kazanmışsa, çalışan bizzat başvuru yapma hakkına sahiptir.

(4) İşveren, tam hak talebinde bulunmuş olduğu hizmet buluşu için başvuruda bulunmaz ve çalışanın belirleyeceği süre içinde de başvuruyu yapmazsa, buluş serbest buluş niteliği kazanır.

(5) İşveren, hizmet buluşu için tam hak talebinde bulunmuşsa, söz konusu buluşun yabancı bir ülkede de korunması için başvuruda bulunabilir.

(6) İşveren, çalışanın talebi üzerine, patent almak istemediği yabancı ülkeler için buluşu serbest bırakmak ve bu ülkelerde çalışana patent almak için talepte bulunma imkânını sağlamakla yükümlüdür. Buluşun serbest bırakılması, rüçhan hakkı süresinin geçirilmemesi açısından, makul bir süre içinde yapılır.

(7) İşveren, çalışanın yabancı ülkelerde patent alabilmesi amacıyla buluşu serbest bırakırken, bu ülkelerde uygun bir ücret karşılığında buluşu kullanabilmek için inhisari olmayan nitelikte bir kullanım hakkını saklı tutma ve saklı tuttuğu bu hakkından doğan menfaatlerine zarar verilmemesini talep etme hakkına sahiptir.

Çalışan buluşlarına ilişkin hükümlerin emredici niteliği ve hakkaniyete uygunluk şartı

MADDE 117- (1) İşverenler tarafından, bu Kitabın çalışan buluşlarına ilişkin hükümlerine aykırı olacak şekilde çalışanların aleyhine düzenleme ve uygulama yapılamaz. Tarafların çalışan buluşlarına ilişkin sözleşme yapma serbestliği, hizmet buluşlarında patent verilmesi için yapılacak başvurudan; serbest buluşlarda ise çalışanın işverene yapacağı bildirim yükümlülüğünden sonra başlar.

(2) Hizmet buluşları ile serbest buluşlar konusunda işveren ile çalışan

arasında yapılan sözleşmeler, çalışan buluşlarıyla ilgili emredici hükümlere aykırı olmasa dahi, önemli ölçüde hakkaniyetle bağdaşmıyorsa geçersiz sayılır. Aynı kural belirlenen bedel için de geçerlidir.

(3) Sözleşmenin veya belirlenmiş olan bedelin hakkaniyete aykırı olduğu hakkındaki itirazlar, iş sözleşmesinin bitiminden itibaren en geç altı ay içinde yazılı olarak ileri sürülebilir.

Tarafların patent başvurusu ile ilgili hak ve yükümlülükleri

MADDE 118- (1) Çalışan, patent alınabilmesi için gerekli bilgileri işverene vermek ve gerekli yardımı yapmakla yükümlüdür. İşveren de hizmet buluşuna patent verilmesi için yaptığı başvuru ve eklerinin suretlerini çalışana vermek ve çalışanın talebi üzerine başvuru işlemleri sırasındaki gelişmeleri ona bildirmekle yükümlüdür.

(2) İşveren, çalışanın hizmet buluşu sebebiyle talep ettiği bedeli ödemeden önce, patent başvurusundan veya patent hakkından vazgeçmek isterse durumu çalışana bildirmekle yükümlüdür. Çalışanın talebi üzerine işveren, masrafları çalışana ait olmak üzere patent hakkını veya patent alınması için gerekli olan belgeleri çalışana devretmek zorundadır. Çalışan, bu konuda kendisine yapılan bildirime, bildirim tarihinden itibaren üç ay içinde cevap vermezse, işveren patent başvurusu veya patentin sağladığı haklardan vazgeçebilir.

(3) İşveren, ikinci fıkrada belirtilen bildirimle birlikte hizmet buluşundan inhisari olmayan yararlanma hakkını, makul bir bedel karşılığında saklı tutabilir.

(4) Çalışan buluşundan doğan hak ve yükümlülükler, iş sözleşmesinin sona ermiş olmasından etkilenmez.

Serbest buluş, bildirim yükümlülüğü ve teklifte bulunma yükümlülüğü

MADDE 119- (1) Çalışan, iş sözleşmesi ilişkisi içindeyken serbest bir buluş yaptığı takdirde, durumu geciktirmeden işverene bildirmekle yükümlüdür. Bildirimde, buluş ve gerekiyorsa buluşun gerçekleştirilme şekli hakkında bilgi vermek suretiyle, buluşun gerçek bir serbest buluş sayılıp sayılmayacağı konusunda işverenin bir kanaate varabilmesi sağlanır.

(2) İşveren, buluşun serbest bir buluş olmadığına ilişkin itirazını, kendisine yapılan bildirim tarihinden itibaren üç ay içinde yazılı bir bildirimle ileri sürebilir.

(3) Serbest buluşun işverenin faaliyet alanı içinde değerlendirilebilir olmadığı açıksa, çalışanın bildirim yükümlülüğü yoktur.

(4) Serbest buluş, işletmenin faaliyet alanına girmekteyse veya işletme söz konusu buluşun ilgili olduğu alanda faaliyette bulunmak için ciddi hazırlıklar içindeyse; çalışan, serbest buluşunu iş ilişkisini sürdürmekte olduğu sırada başka bir şekilde değerlendirmeye başlamadan önce, tam hak tanımaksızın uygun şartlar altında buluşundan yararlanma imkânı vermek için işverene teklifte bulunmakla yükümlüdür. İşveren, teklifin kendisine ulaştığı tarihten itibaren üç ay içinde cevap vermezse, bu konudaki öncelik hakkını kaybeder. İşveren, kendisine yapılan teklifi kabul eder, ancak öngörülmüş şartları uygun bulmazsa, şartlar tarafların talebi üzerine mahkeme tarafından tespit edilir.

Çalışanın önalım hakkı

MADDE 120- (1) İşverenin iflas etmesi ve iflas idaresinin de buluşu işletmeden ayrı olarak devretmek istemesi hâlinde çalışanın, yapmış olduğu ve işverenin de tam hak talebinde bulunduğu buluşa ilişkin olarak önalım hakkı vardır.

(2) Çalışan buluşundan doğan bedel alacağı, imtiyazlı alacaklardandır. İflas idaresi bu nitelikteki birden çok bedel alacağını, alacaklılar arasında alacakları oranında dağıtır. Çalışan, bedel alacağı yerine buluşunun serbest buluşa dönüşmesini talep edebilir.

Yükseköğretim kurumlarında gerçekleştirilen buluşlar

MADDE 121- (1) 2547 sayılı Kanunun 3 üncü maddesinin birinci fıkrasının (c) bendinde tanımlanan yükseköğretim kurumları ile Millî Savunma Bakanlığı ve İçişleri Bakanlığına bağlı yükseköğretim kurumlarında yapılan bilimsel çalışmalar veya araştırmalar sonucunda gerçekleştirilen buluşlar için, özel kanun hükümleri ve bu madde kapsamındaki düzenlemeler saklı kalmak kaydıyla, çalışanların buluşlarına ilişkin hükümler uygulanır.

(2) Yükseköğretim kurumlarında yapılan bilimsel çalışmalar veya araştırmalar sonucunda bir buluş gerçekleştiğinde buluşu yapan, buluşunu yazılı olarak ve geciktirmeksizin yükseköğretim kurumuna bildirmekle yükümlüdür. Patent başvurusu yapılmışsa yükseköğretim kurumuna başvuru yapıldığına dair bildirim yapılır.

(3) Yükseköğretim kurumu, buluş üzerinde hak sahipliği talebinde bulunması durumunda, patent başvurusu yapmakla yükümlüdür. Aksi takdirde buluş, serbest buluş niteliği kazanır.

(4) Yükseköğretim kurumunun hak sahipliği talebine karşı buluşu yapan, buluşunun serbest buluş olduğunu ileri sürerek itiraz edebilir. Yapılan itiraz, yükseköğretim kurumu tarafından yazılı gerekçeler de belirtilerek karara bağlanır. Aksi takdirde buluş, serbest buluş niteliği kazanır.

(5) Yükseköğretim kurumlarında gerçekleştirilen buluşlar hakkında 115 inci, 116 ncı, 118 inci maddeler ile 119 uncu maddenin dördüncü fıkrası hükümleri uygulanmaz.

(6) Yükseköğretim kurumu başvurudan veya patent hakkından vazgeçmek isterse veya buluş, patent başvurusu yapıldıktan sonra serbest buluş niteliği kazanırsa, yükseköğretim kurumu öncelikle buluşu yapana başvuru veya patent hakkını devralmasını teklif eder. Buluşu yapanın teklifi kabul etmesi durumunda haklar devredilir. Bu durumda yükseköğretim kurumu, buluşu yapana patent alınması ve korunması için gerekli olan belgeleri verir. Yükseköğretim kurumu, başvuru veya patent hakkını buluşu yapana devretmesi durumunda inhisari nitelikte olmayan kullanım hakkını uygun bir bedel karşılığında saklı tutabilir. Buluşu yapanın teklifi kabul etmemesi durumunda patent başvurusu veya patent üzerindeki tasarruf yetkisi yükseköğretim kurumuna ait olur.

(7) Yükseköğretim kurumu, kusuru nedeniyle başvuru işlemlerinin veya patent hakkının sona ermesine sebep olursa buluşu yapanın uğradığı zararı tazmin etmekle yükümlüdür.

(8) Buluştan elde edilen gelirin yükseköğretim kurumu ve buluşu

yapan arasındaki paylaşımı, buluşu yapana gelirin en az üçte biri verilecek şekilde belirlenir. Buluştan elde edilen gelirin yükseköğretim kurumu hissesi ilgili yükseköğretim kurumu bütçesine özgelir olarak kaydedilir ve başta bilimsel araştırmalar olmak üzere yükseköğretim kurumunun ihtiyaçlarının karşılanması için kullanılır.

(9) 2547 sayılı Kanunun 3 üncü maddesinin birinci fıkrasının (l) bendinde tanımlanan öğretim elemanları ile stajyerlerin ve öğrencilerin diğer kamu kurumları veya özel kuruluşlarla belirli bir sözleşme kapsamında yapmış oldukları çalışmalar sonucunda ortaya çıkan buluşlar üzerindeki hak sahipliğinin belirlenmesinde, diğer kanunlardaki hükümler saklı kalmak kaydıyla sözleşme hükümleri esas alınır.

(10) Bu maddenin uygulanmasına ilişkin usul ve esaslar yönetmelikle belirlenir.

Kamu destekli projelerde ortaya çıkan buluşlar

MADDE 122- (1) Kamu kurum ve kuruluşları tarafından desteklenen projelerde ortaya çıkan buluşların, destek sağlayan kamu kurumuna yönetmeliğe uygun olarak bildirilmesi zorunludur. Bu bildirimin yapıldığı tarihten itibaren bir yıl içinde proje desteğinden faydalanan kişi, buluş konusu üzerinde hak sahipliği talep edip etmediği konusundaki tercihini kamu kurumuna yazılı olarak bildirir. Proje desteğinden faydalanan kişi bu süre içinde hak sahipliği talep etmezse veya hak sahipliğine ilişkin tercihini yazılı olarak yapmazsa destek sağlayan kamu kurumu veya kuruluşu buluş için hak sahipliğini alabilir. Proje desteğinden faydalanan kişi, hak sahipliğine ilişkin süreç tamamlanana kadar, buluşa patent veya faydalı model verilmesini etkileyecek nitelikte açıklamalarda bulunamaz.

(2) Proje desteğinden faydalanan kişi, buluşa ilişkin olarak hak sahipliği talebinde bulunması durumunda, buluş için patent başvurusu yapmakla yükümlüdür. Başvuruda destek sağlayan kamu kurum veya kuruluşu belirtilir.

(3) Kamu kurum veya kuruluşunun, proje desteğinden faydalanan kişiden patent konusu buluşun kullanımına veya kullanım için giriştiği ça-

balarına ilişkin düzenli aralıklarla bilgi isteme hakkı vardır. Kamu kurum veya kuruluşu tarafından istenen ticari ve finansal mahiyetteki bu bilgiler gizli tutulur. Buluşun kullanımından elde edilen gelirin paylaşımı sözleşme ile belirlenir.

(4) Proje desteğinden faydalanan kişinin buluş üzerinde hak sahipliği talep etmesi hâlinde kamu kurum veya kuruluşu, buluşun kendi ihtiyaçları için kullanımına ilişkin bedelsiz bir lisans hakkına sahip olur. Bu haktan feragat, sözleşmede belirtilmesi şartıyla mümkündür. Aşağıda sayılan durumlarda kamu kurum veya kuruluşu, patent konusu buluşu kullanma veya kullanılması için makul şartlarda üçüncü kişilere lisans verilmesini isteme hakkına sahip olur:

a) Proje desteğinden faydalanan kişinin 130 uncu madde hükmüne göre patent konusu buluşu kullanmaması veya kullanım için girişimde bulunmaması.

b) Proje desteğinden faydalanan kişi veya lisans alan tarafından üretilen patent konusu ürünün, kamu sağlığı veya millî güvenlik nedenleriyle ortaya çıkan ihtiyacı karşılayamaması,

c) Proje desteğinden faydalanan kişi veya lisans alan tarafından üretilen patent konusu ürünün, kamu kurum veya kuruluşunun ihtiyacını karşılayamaması.

(5) Dördüncü fıkra kapsamındaki lisans uygulaması zorunlu lisansa ilişkin hükümlerin uygulanmasını etkilemez.

(6) 28/2/2008 tarihli ve 5746 sayılı Araştırma, Geliştirme ve Tasarım Faaliyetlerinin Desteklenmesi Hakkında Kanun kapsamında kurulan Ar-Ge veya tasarım merkezlerinde veya 26/6/2001 tarihli ve 4691 sayılı Teknoloji Geliştirme Bölgeleri Kanunu kapsamında kurulan teknoloji geliştirme bölgelerinde, kamu kurum ve kuruşları desteğiyle bir sözleşme çerçevesinde yürütülmeyen çalışmalarda veya proje bazlı olmayan kamu desteklerinde ortaya çıkan buluşlar için bu madde hükümleri uygulanmaz.

ALTINCI KISIM
Ek ve Gizli Patent

Ek patent

MADDE 123- (1) Patent başvurusu sahibi, patent konusu buluşu mükemmelleştiren veya geliştiren ve 91 inci maddenin birinci fıkrası kapsamında asıl patentin konusu ile bütünlük içinde bulunan buluşların korunması için işlemleri devam eden asıl patent başvurusuna ek patent başvurusunda bulunabilir.

(2) Ek patent başvurusu, asıl patent başvurusuna belge verilmesi kararının yayımına kadar yapılabilir. Ek patent başvurusunun başvuru tarihi, 90 ıncı madde uyarınca ek patent başvurusunun Kuruma verildiği tarihtir.

(3) Ek patent başvurusunun araştırma raporu, asıl patent başvurusunun araştırma raporu ile birlikte ya da daha sonra düzenlenir. Ek patent başvurusu için 83 üncü maddenin dördüncü fıkrasında belirtilen buluş basamağının değerlendirilmesinde, asıl patent başvurusu tekniğin bilinen durumu olarak dikkate alınmaz.

(4) Asıl patent başvurusuna patent verilmesi kararından önce, ek patent başvurusu için patent verilemez.

(5) Ek patentin süresi, ek patentin başvuru tarihinden itibaren başlar ve asıl patentin süresinin bitimine kadardır.

(6) Ek patent başvuruları ve ek patent için yıllık ücret ödenmez.

(7) Ek patent başvurusu, başvuru işlemleri sırasında başvuru sahibinin talebi üzerine her zaman bağımsız bir patent başvurusuna dönüştürülebilir. Kurum tarafından ek patent başvurusunun asıl patent başvurusuyla gerekli bağının olmadığının tespit edilmesi durumunda bildirim tarihinden itibaren üç ay içinde ek patent başvurusu bağımsız patent başvurusuna dönüştürülür.

(8) Asıl patentin hükümsüz kılınması veya asıl patent sahibinin patent hakkından vazgeçmesi ya da yıllık ücretinin ödenmemesi nedeniyle asıl patent hakkının sona ermesi durumunda ek patent, bağımsız patente dönüştürülür.

(9) Patentin hükümsüzlüğüne ilişkin karar, zorunlu olarak ek patentlerin de hükümsüz olması sonucunu doğurmaz. Ancak 99 uncu madde

uyarınca verilen hükümsüzlük kararının tebliğinden itibaren üç ay içinde, ek patentlerin bağımsız patentlere dönüştürülmesi için başvuruda bulunulmazsa, patentin hükümsüzlüğü ek patentlerin de hükümsüz olması sonucunu doğurur.

(10) Asıl patent başvurusunun geri çekilmesi veya geri çekilmiş sayılması ya da reddedilmesi veya yıllık ücretinin ödenmemesi nedeniyle geçersiz sayılması durumunda ek patent başvurusu, bağımsız patent başvurusuna dönüştürülür.

(11) Asıl patent başvurusuna birden fazla ek patent başvurusu yapılmışsa, ilk yapılan ek patent başvurusu ya da ek patent yedinci, sekizinci ve dokuzuncu fıkralara göre bağımsız patente ya da bağımsız patent başvurusuna dönüştürülebilir. Diğer ek patent başvuruları, dönüşen bağımsız patentin veya başvurunun ekleri sayılır.

(12) Ek patent başvurusu veya ek patent, bağımsız bir patent başvurusuna veya bağımsız bir patente dönüşmesi hâlinde dönüştürme tarihinden itibaren yıllık ücret ödemelerine tabi olup, koruma süresi de beşinci fıkrada belirtilen süredir.

(13) Aksi açıkça öngörülmediği ve ek patentin niteliğine aykırı düşmediği takdirde, bu Kanunun patente ilişkin hükümleri, ek patent hakkında da uygulanır.

(14) Faydalı model başvurusu için ek başvuru yapılamaz.

Gizli patent

MADDE 124- (1) Kurum, başvuru konusu buluşun millî güvenlik açısından önem taşıdığı kanısına varırsa başvurunun bir suretini görüş almak üzere Millî Savunma Bakanlığına iletir ve durumu başvuru sahibine bildirir.

(2) Millî Savunma Bakanlığı, başvuru işlemlerinin gizli yürütülmesine karar verirse bildirim tarihinden itibaren üç ay içinde kararını Kuruma bildirir. Gizlilik kararı verilmemesi veya söz konusu süre içinde Kuruma bildirimde bulunulmaması hâlinde Kurum, başvuru ile ilgili işlemleri başlatır.

(3) Patent başvurusunun gizliliğe tabi olması hâlinde Kurum, durumu başvuru sahibine bildirir ve başvuru ile ilgili başka bir işlem yapmadan başvuruyu gizli patent başvurusu olarak sicile kaydeder.

(4) Patent başvurusu sahibi, gizli patent başvuru konusu buluşu, yetkisi olmayan kişilere açıklayamaz.

(5) Patent başvurusu sahibinin talebi üzerine, patent başvuru konusu buluşun kısmen veya tamamen kullanılmasına, Millî Savunma Bakanlığınca izin verilebilir.

(6) Patent başvurusu sahibi, patent başvurusunun gizli tutulduğu süre için, Devletten tazminat isteyebilir. Ödenecek tazminat miktarı konusunda anlaşma sağlanamazsa tazminat miktarı mahkeme tarafından belirlenir. Tazminat, buluşun önemi ve patent başvurusu sahibinin onu serbestçe kullanabilmesi hâlinde elde edeceği muhtemel gelirin miktarı göz önünde tutularak hesaplanır. Patent başvurusu sahibinin kusuruyla gizli patent başvuru konusu olan buluş açıklanmışsa tazminat isteme hakkı ortadan kalkar.

(7) Gizli patent başvuruları için gizli kaldığı süre boyunca, Kuruma yıllık ücret ödenmez.

(8) Kurum, Millî Savunma Bakanlığının talebi üzerine, patent başvurusu için öngörülmüş gizliliği kaldırabilir. Gizliliği kaldırılmış bir patent başvurusu, gizliliği kaldırıldığı tarihten itibaren patent başvurusu olarak işlem görür.

(9) Türkiye'de gerçekleştirilen bir buluş millî güvenlik açısından önem taşıyorsa söz konusu buluş için başka bir ülkede patent başvurusunda bulunulamaz. Türkiye'de gerçekleştirilen bir buluş için Kuruma yapılan bir patent başvurusu birinci ila sekizinci fıkra hükümlerine tabiyse Millî Savunma Bakanlığının izni olmadan, söz konusu buluş için başka bir ülkede patent başvurusu yapılamaz.

(10) Buluşu yapanın yerleşim yeri Türkiye'deyse aksi ispat edilinceye kadar, buluşun Türkiye'de yapılmış olduğu kabul edilir.

YEDİNCİ KISIM
Lisans

BİRİNCİ BÖLÜM
Sözleşmeye Dayalı Lisans

Sözleşmeye dayalı lisans

MADDE 125- (1) Patent başvurusu veya patent, lisans sözleşmesine konu olabilir.

(2) Lisans, inhisari lisans veya inhisari olmayan lisans şeklinde verilebilir. Sözleşmede aksi kararlaştırılmamışsa lisans, inhisari değildir. İnhisari olmayan lisans sözleşmelerinde lisans veren patent konusu buluşu kendi kullanabileceği gibi, üçüncü kişilere aynı buluşa ilişkin başka lisanslar da verebilir. İnhisari lisans söz konusu olduğu zaman, lisans veren başkasına lisans veremez ve hakkını açıkça saklı tutmadıkça, kendisi de patent konusu buluşu kullanamaz.

(3) Sözleşmede aksi kararlaştırılmamışsa lisans sahipleri, lisanstan doğan haklarını üçüncü kişilere devredemez veya alt lisans veremez.

(4) Sözleşmede aksi kararlaştırılmamışsa sözleşmeye dayalı olarak lisans alan kişi, patentin koruma süresi boyunca patent konusu buluşun kullanılmasına ilişkin her türlü tasarrufta bulunabilir. Lisans alan, lisans sözleşmesinde yer alan şartlara uymak zorundadır. Aksi takdirde patent sahibi, patentten doğan haklarını lisans alana karşı ileri sürebilir.

Bilgi verme yükümlülüğü

MADDE 126- (1) Sözleşmede aksi kararlaştırılmamışsa patent başvurusunu veya patenti devreden veya lisansını veren, devralan veya lisans alana patent konusu buluşun normal bir kullanımı için zorunlu olan teknik bilgileri vermekle yükümlüdür.

(2) Devralan veya lisans alan kişi, kendisine verilen gizli bilgilerin açıklanmasını önlemek için gerekli tedbirleri almakla yükümlüdür.

Hakkın devrinden ve lisans vermeden doğan sorumluluk

MADDE 127- (1) Patent başvurusunun veya patentin sağladığı hakları devreden veya lisans veren kişinin bu işlemleri yapmaya yetkili olmadığı sonradan anlaşılırsa söz konusu kişi bu durumdan ilgililere karşı sorumlu olur.

(2) Patent başvurusunun geri alınması veya başvurunun reddedilmesi ya da patent hakkının hükümsüzlüğüne mahkemece karar verilmiş olması hâllerinde, tarafların hakkı devreden veya lisans veren bakımından daha kapsamlı bir sorumluluğu sözleşme ile öngörmemiş olmaları hâlinde, 139 uncu madde hükümleri uygulanır.

(3) Devreden veya lisans verenin kötüniyetle hareket etmesi hâlinde bu kişiler, fiillerinden her zaman sorumludur. Devreden veya lisans veren, üzerinde tasarruf edilen patent başvurusu veya patente konu olan buluşun, patentle korunabilirliği konusunda Türkçe veya yabancı dildeki rapor ve kararları veya bu konuda bildiklerini karşı tarafa bildirmemiş ve bunlara ilişkin beyanları içeren belgelere sözleşmede yer vermemişse kötüniyetin varlığı kabul edilir.

(4) Bu madde hükümlerinden doğan tazminatı talep süresi, sorumluluk davasına dayanak olan mahkeme kararının kesinleşme tarihinde başlar.

Lisans verme teklifi

MADDE 128- (1) Patent başvurusu veya patent sahibi, Kuruma yapacağı yazılı taleple, patent konusu buluşu kullanmak isteyen herkese lisans vereceğini bildirebilir. Lisans verme teklifi Bültende yayımlanır.

(2) Sicilde kayıtlı inhisari lisans varsa patent başvurusu veya patent sahibi başkalarına lisans verme teklifinde bulunamaz.

(3) Patent başvurusu veya patent sahibi, lisans verme teklifini her zaman geri alabilir. Teklifin geri alınması Bültende yayımlanır.

İKİNCİ BÖLÜM
Zorunlu Lisans

Zorunlu lisans

MADDE 129- (1) Zorunlu lisans, aşağıda belirtilen şartlardan en az birinin bulunması hâlinde verilebilir:

a) 130 uncu madde hükmüne göre patent konusu buluşun kullanılmaması.

b) 131 inci maddede belirtilen patent konularının bağımlılığının söz konusu olması.

c) 132 nci maddede belirtilen kamu yararının söz konusu olması.

ç) 30/4/2013 tarihli ve 6471 sayılı Kanunla katılmamız uygun bulunan Ticaretle Bağlantılı Fikri Mülkiyet Hakları Anlaşmasını Değiştiren Protokolde belirtilen şartların sağlanması hâlinde başka ülkelerdeki kamu sağlığı sorunları sebebiyle eczacılık ürünlerinin ihracatının söz konusu olması.

d) Islahçının, önceki bir patente tecavüz etmeden yeni bir bitki çeşidi geliştirememesi.

e) Patent sahibinin, patent kullanılırken rekabeti engelleyici, bozucu veya kısıtlayıcı faaliyetlerde bulunması.

(2) Birinci fıkranın (a), (b) ve (ç) bentleri kapsamında verilecek zorunlu lisans mahkemeden; (e) bendi kapsamında verilecek zorunlu lisans Rekabet Kurumundan talep edilir. Birinci fıkranın (ç) bendi uyarınca yapılan zorunlu lisans taleplerinde acil durumlar ve birinci fıkranın (e) bendi hariç olmak üzere, zorunlu lisans talep edenin, patent sahibinden makul ticari şartlar altında sözleşmeye dayalı lisans istemesine rağmen makul bir süre içinde alamadığına dair kanıt talebe eklenir. Mahkeme, zorunlu lisans talebinin bir sureti ile ekli belgelerin birer suretini patent sahibine gecikmeksizin gönderir. Patent sahibine, bunlara karşı delilleriyle birlikte görüşlerini sunması için bildirim tarihinden itibaren bir ay süre verilir.

(3) Mahkeme, varsa patent sahibinin görüşlerini zorunlu lisans talep edene tebliğ eder ve bir ay içinde talebin reddine veya zorunlu lisansın verilmesine karar verir. Bu süre uzatılamaz. Patent sahibi, zorunlu lisans talebine itiraz etmemişse, mahkeme gecikmeksizin zorunlu lisansa karar verir.

(4) Zorunlu lisansın verildiği kararda; lisansın kapsamı, bedeli, süresi, lisans alan tarafından gösterilen teminat, kullanıma başlama zamanı ile patentin ciddi ve etkin kullanımını sağlayan önlemler belirtilir.

(5) Mahkeme kararına karşı kanun yollarına başvurulduğunda, patent sahibi tarafından zorunlu lisans uygulamasının durdurulması için sunulan deliller mahkemece yeterli görülürse, buluşun kullanımı, lisansa ilişkin kararın kesinleşmesine kadar ertelenir.

(6) Patent sahibinin, önceki bir bitki çeşidine ait ıslahçı hakkına tecavüz etmeden patent hakkını kullanamaması durumu zorunlu lisansa konu olabilir. Bu durumda, 5042 sayılı Kanun hükümleri uygulanır.

(7) Birinci fıkranın (d) bendine göre lisans verilmesi durumunda patent sahibi, korunan bitki çeşidinin kullanımı için kendisine; altıncı fıkraya göre lisans verilmesi durumunda da yeni bitki çeşidine ait ıslahçı hakkı sahibi, korunan buluşun kullanımı için kendisine makul şartlarda karşılıklı lisans verilmesini talep edebilir.

(8) Birinci fıkranın (d) bendi ile altıncı fıkrada belirtilen lisanslar için talep sahibi;

a) Patent sahibine veya yeni bitki çeşidine ait ıslahçı hakkı sahibine sözleşmeye dayalı bir lisans elde etmek için başvurduğunu ancak sonuç alamadığını,

b) Korunan bitki çeşidiyle veya patentle korunan buluşla kıyaslandığında, sonraki buluşun veya bitki çeşidinin, büyük ölçüde ekonomik yarar sağlayan önemli bir teknik ilerleme gösterdiğini,

ispat ederek zorunlu lisans verilmesini mahkemeden talep edebilir.

(9) Birinci fıkranın (ç) bendi hükmü saklı kalmak kaydıyla zorunlu lisans, esas olarak yurtiçi pazara arz için verilir.

Kullanılmama durumunda zorunlu lisans

MADDE 130- (1) Patent sahibi veya yetkili kıldığı kişi, patentle korunan buluşu kullanmak zorundadır. Kullanımın değerlendirilmesinde pazar şartları ve patent sahibinin kontrolü ve iradesi dışındaki şartlar göz önünde tutulur.

(2) Patentin verilmesi kararının Bültende yayımlanmasından itibaren üç yıllık veya patent başvurusu tarihinden itibaren dört yıllık sürelerden hangisi daha geç sona eriyorsa, o sürenin bitiminden itibaren ilgili herkes

zorunlu lisans talebinin yapıldığı tarihte, patent konusu buluşun kullanılmaya başlanmamış olduğu veya kullanım için ciddi ve gerçek girişimlerde bulunulmadığı ya da kullanımın ulusal pazar ihtiyacını karşılayacak düzeyde olmadığı gerekçesiyle zorunlu lisans verilmesini talep edebilir. Söz konusu durum, haklı bir neden olmaksızın, buluşun kullanımına aralıksız olarak üç yıldan fazla ara verildiği hâllerde de uygulanır.

Patent konularının bağımlılığı hâlinde zorunlu lisans

MADDE 131- (1) Patent konusu buluşun, önceki patentin sağladığı haklara tecavüz edilmeksizin kullanılmasının mümkün olmaması hâlinde, patent konuları arasında bağımlılık söz konusu olacağından, sonraki tarihli patentin sahibi önceki tarihli patent konusu buluşu, sahibinin izni olmaksızın kullanamaz.

(2) Patent konuları arasında bağımlılık olması hâlinde, sonraki tarihli patentin sahibi, patent konusu buluşunu kullanmak için, buluşunun önceki tarihli patent konusu buluşa göre büyük ölçüde ekonomik yarar sağlayan önemli bir teknik ilerleme göstermesi şartıyla zorunlu lisans verilmesini talep edebilir. Sonraki tarihli patentin sahibine zorunlu lisans verilmişse, önceki tarihli patentin sahibi de sonraki tarihli patent konusu buluşu kullanmak için kendisine zorunlu lisans verilmesini talep edebilir.

(3) Bağımlılığı olan patentlerden birinin hükümsüzlüğü veya patent hakkının sona ermesi hâlinde, zorunlu lisans kararı da ortadan kalkar.

Kamu yararı nedeniyle zorunlu lisans

MADDE 132- (1) Kamu sağlığı veya millî güvenlik nedenleriyle patent konusu buluşun kullanılmaya başlanılması, kullanımın artırılması, genel olarak yaygınlaştırılması, yararlı bir kullanım için ıslah edilmesinin büyük önem taşıması veya patent konusu buluşun kullanılmamasının ya da nitelik veya nicelik bakımından yetersiz kullanılmasının ülkenin ekonomik veya teknolojik gelişimi bakımından ciddi zararlara sebep olacağı hâllerde, ilgili bakanlığın teklifi üzerine Bakanlar Kurulunca;

a) Kamu yararı bulunduğu gerekçesiyle zorunlu lisans verilmesine,

b) Buluşun kamu yararını karşılayacak yeterlikte kullanımı patent sahibi tarafından gerçekleştirilebilecekse buluşun şartlı olarak zorunlu lisans konusu yapılmasında kamu yararı bulunduğuna,

karar verilir.

(2) Patent başvurusu veya patent konusu buluşun kullanımının kamu sağlığı veya millî güvenlik bakımından önemli olması hâlinde, Millî Savunma Bakanlığı veya Sağlık Bakanlığının uygun görüşü alınarak ilgili bakanlık tarafından teklifte bulunulur.

(3) Kamu yararı gerekçesiyle verilen zorunlu lisanslar inhisari olabilir. Millî güvenlik bakımından önemli olduğu gerekçesi ile verilen zorunlu lisans kararı, buluşun bir veya birkaç işletme tarafından kullanılması ile sınırlandırılabilir.

Zorunlu lisansın hukuki niteliği ve güven ilişkisi

MADDE 133- (1) Zorunlu lisans, inhisari değildir ancak kamu yararı gerekçesiyle verilen zorunlu lisanslar inhisari olabilir. Zorunlu lisans süre, bedel ve kullanım alanı göz önüne alınarak belirli şartlar altında verilir. Mahkeme bedeli belirlerken patentin ekonomik değerini göz önüne alır. 129 uncu maddenin birinci fıkrasının (ç) bendi uyarınca verilecek zorunlu lisanslarda bedel belirlenirken, ticari olmayan ve insani amaçlar göz önüne alınarak bu tür kullanımın ithalatçı ülke açısından ekonomik değeri dikkate alınır.

(2) Zorunlu lisans verilmesi hâlinde, lisans alanın alt lisans verme ve patent konusunu ithal etme hakkı yoktur. Ancak kamu yararı gerekçesiyle verilen zorunlu lisansta lisans alan, kamu yararı gereği açıkça ithale yetkili kılınmışsa patent konusu ithal edilebilir. Bu ithal izni, ihtiyaçla sınırlı olarak ve geçici bir süre için verilir.

(3) Zorunlu lisans sebebiyle, patent sahibi ve lisans alan arasında doğan güven ilişkisi, patent sahibi tarafından ihlal edilirse lisans alan, ihlalin buluşun değerlendirilmesindeki etkisine göre, patent sahibinin isteyebileceği lisans bedelinden indirim yapılmasını talep edebilir.

Ek patentte zorunlu lisans kapsamı

MADDE 134- (1) Zorunlu lisans, lisansın kabul tarihinde mevcut bulunan patentin eklerini de kapsar. Zorunlu lisansın verilmesinden sonra yeni ek patentler verilmişse ve bunlar lisans konusu patentle aynı kullanım amacına hizmet etmekte ise lisans alan, mahkemeden eklerin de zorunlu lisans kapsamına dâhil edilmesi talebinde bulunabilir. Taraflar ek patentler nedeniyle genişletilen lisansın bedeli ve diğer şartları konusunda anlaşamazlarsa bunlar mahkeme tarafından belirlenir.

Zorunlu lisansın devri

MADDE 135- (1) Zorunlu lisansın devrinin geçerli olabilmesi için işletme ile birlikte veya işletmenin lisansın değerlendirildiği kısmı ile birlikte devredilmesi gerekir. Zorunlu lisansın, patent konularının bağımlılığı gerekçesiyle verilmesi hâlindeyse lisans, bağımlı patentle birlikte devredilir.

Şartlarda değişiklik talebi ve zorunlu lisansın iptali

MADDE 136- (1) Lisans alan veya patent sahibi, zorunlu lisans verilmesinden sonra, zorunlu lisansa göre daha uygun şartlarda sözleşmeye dayalı lisans vermiş olması gibi sonradan ortaya çıkan ve değişikliği haklı kılan olaylara dayanarak mahkemeden zorunlu lisans bedelinde veya şartlarında değişiklik yapılmasını talep edebilir.

(2) Lisans alan, zorunlu lisanstan doğan yükümlülüklerini ciddi şekilde ihlal ettiği veya sürekli olarak yerine getirmediği takdirde mahkeme, patent sahibinin talebi üzerine, patent sahibinin tazminat hakları saklı kalmak kaydıyla lisansı iptal edebilir.

(3) Zorunlu lisansın verilmesine neden olan şartların sona ermesi ve tekrarlanma olasılığının ortadan kalkması hâlinde, talep üzerine mahkeme zorunlu lisansı iptal eder.

Sözleşmeye dayalı lisans hükümlerinin uygulanabilirliği

MADDE 137- (1) 129 ila 136 ncı maddelerdeki hükümlere aykırı olmamak üzere, 125 inci ve 126 ncı maddelerde belirtilen sözleşmeye dayalı lisans ile ilgili hükümler zorunlu lisansa da uygulanır.

SEKİZİNCİ KISIM
Hakkın Sona Ermesi

BİRİNCİ BÖLÜM
Hükümsüzlük

Hükümsüzlük hâlleri

MADDE 138- (1) Kurumun nihai kararından sonra;

a) Patent konusu, 82 nci ve 83 üncü maddelere göre patent verilebilirlik şartlarını taşımıyorsa,

b) Buluş, 92 nci maddenin birinci, ikinci ve üçüncü fıkraları uyarınca yeteri kadar açıklanmamışsa,

c) Patent konusu, başvurunun ilk hâlinin kapsamını aşıyorsa veya patentin, 91 inci maddeye göre yapılan bölünmüş bir başvuruya veya 110 uncu maddenin üçüncü fıkrasının (b) bendine göre yapılan bir başvuruya dayanması durumunda en önceki başvurunun ilk hâlinin kapsamını aşıyorsa,

ç) Patent sahibinin, 109 uncu maddeye göre patent isteme hakkına sahip olmadığı ispatlanmışsa,

d) Patentin sağladığı korumanın kapsamı aşılmışsa,

patentin hükümsüz kılınmasına ilgili mahkeme tarafından karar verilir.

(2) Mahkeme, 99 uncu maddenin üçüncü veya yedinci fıkraları uyarınca yapılan yayımdan önce birinci fıkranın (a), (b) ve (c) bentleri uyarınca yapılan hükümsüzlük talebine ilişkin olarak karar veremez.

(3) Patent sahibinin 109 uncu maddeye göre patent isteme hakkına sahip olmadığı hakkındaki iddia, ancak buluşu yapan veya halefleri tarafından ileri sürülebilir.

(4) Hükümsüzlük nedenleri patentin sadece bir bölümüne ilişkinse sadece o bölüm ile ilgili istem veya istemler iptal edilerek kısmi hükümsüzlüğe karar verilir. Bir istemin kısmen hükümsüzlüğüne karar verilemez. Kısmi hükümsüzlük sonucu iptal edilmeyen istem veya istemler, 82 nci ve 83 üncü madde hükümlerine göre patent verilebilirlik şartlarını taşıyorsa patent bu kısım için geçerli kalır. Bağımsız istemin hükümsüz kılınması

hâlinde, bağımsız isteme bağımlı olan her bir bağımlı istem ayrı ayrı 82 nci ve 83 üncü madde hükümlerine göre patent verilebilirlik şartlarını taşımıyorsa söz konusu bağımsız isteme bağımlı olan istemler de mahkeme tarafından hükümsüz kılınır.

(5) Patentin hükümsüzlüğü davası, patentin koruma süresince veya hakkın sona ermesini izleyen beş yıl içinde, sicile patent sahibi olarak kayıtlı kişiye karşı açılabilir. Patent üzerinde sicilde hak sahibi görülen kişilerin davaya katılabilmelerini sağlamak için ayrıca onlara tebligat yapılır.

(6) Menfaati olanlar, Cumhuriyet savcıları veya ilgili kamu kurum ve kuruluşları patentin hükümsüzlüğünü isteyebilir. Patent sahibinin 109 uncu maddeye göre patent isteme hakkına sahip olmadığı nedeniyle patentin hükümsüzlüğü, ancak buluşu yapan veya halefleri tarafından istenebilir.

(7) Patentin hükümsüzlüğüne ilişkin karar, zorunlu olarak ek patentlerin de hükümsüz olması sonucunu doğurmaz. Ancak, hükümsüzlük kararının tebliğinden itibaren üç ay içinde, ek patentlerin bağımsız patentlere dönüştürülmesi için başvuruda bulunulmazsa, patentin hükümsüzlüğü ek patentlerin de hükümsüz olması sonucunu doğurur.

Patentin hükümsüzlüğünün etkisi

MADDE 139- (1) Patentin hükümsüzlüğüne karar verilmesi hâlinde, kararın sonuçları geçmişe dönük olarak etkili olur ve patent veya patent başvurusuna bu Kanunla sağlanan koruma hiç doğmamış sayılır.

(2) Patent sahibinin ağır ihmal veya kötüniyetli olarak hareket etmesinden zarar görenlerin tazminat talepleri saklı kalmak üzere, hükümsüzlüğün geçmişe dönük etkisi aşağıdaki durumları etkilemez:

a) Patentin hükümsüzlüğüne karar verilmeden önce, patentin sağladığı haklara tecavüz sebebiyle verilen hukuken kesinleşmiş ve uygulanmış kararlar.

b) Patentin hükümsüzlüğüne karar verilmeden önce yapılmış ve uygulanmış sözleşmeler.

(3) İkinci fıkranın (b) bendinde belirtilen sözleşme uyarınca ödenmiş bedelin hakkaniyet gereğince kısmen veya tamamen iadesi talep edilebilir.

(4) Patentin hükümsüzlüğüne ilişkin kesinleşmiş karar herkese karşı hüküm doğurur. Hükümsüzlük kararının kesinleşmesinden sonra mahkeme, bu kararı Kuruma resen bildirir. Kesinleşmiş karar ile hükümsüz kılınan patent, Kurum tarafından sicilden terkin edilir ve durum Bültende yayımlanır.

İKİNCİ BÖLÜM
Diğer Sona Erme Hâlleri ve Sonuçları

Sona erme ve sonuçları

MADDE 140- (1) Patent hakkı;

a) Koruma süresinin dolması,

b) Patent sahibinin patent hakkından vazgeçmesi,

c) Yıllık ücretlerin 101 inci maddede öngörülen sürelerde ödenmemesi,

sebeplerinden birinin gerçekleşmesi ile sona erer.

(2) Kurum, patent hakkının sona erdiğini Bültende yayımlar. Hakkı sona eren patentin konusu, sona erme nedeninin gerçekleşmiş olduğu andan itibaren kamuya ait olur.

(3) Patent sahibi, patentin tamamından veya bir ya da birden çok patent isteminden vazgeçebilir. Patentten kısmen vazgeçilirse istem veya istemlerin ayrı bir patentin konusunu teşkil etmesi ve vazgeçmenin patentin kapsamının genişletilmesine ilişkin olmaması şartıyla vazgeçilmeyen istem veya istemler itibarıyla patent geçerli kalır.

(4) Vazgeçmenin yazılı olarak Kuruma bildirilmesi gerekir. Vazgeçme, sicile kayıt tarihi itibarıyla hüküm doğurur.

(5) Sicile kayıtlı hak ve lisans sahiplerinin izni olmadıkça, patentten vazgeçilemez.

(6) Patent üzerinde, üçüncü kişi tarafından hak sahipliği iddia edilmiş ve bu hususta alınan tedbir kararı sicile kaydedilmişse, bu kişinin izni olmadıkça, patentten vazgeçilemez.

(7) Patent hakkından vazgeçildiği Bültende yayımlanır.

DOKUZUNCU KISIM
Patent Hakkına Tecavüz

Patent veya faydalı model hakkına tecavüz sayılan fiiller

MADDE 141- (1) Aşağıdaki fiiller, patent veya faydalı model hakkına tecavüz sayılır:

a) Patent veya faydalı model sahibinin izni olmaksızın buluş konusu ürünü kısmen veya tamamen üretme sonucu taklit etmek.

b) Kısmen veya tamamen taklit suretiyle meydana getirildiğini bildiği ya da bilmesi gerektiği hâlde tecavüz yoluyla üretilen buluş konusu ürünleri satmak, dağıtmak veya başka bir şekilde ticaret alanına çıkarmak ya da bu amaçlar için ithal etmek, ticari amaçla elde bulundurmak, uygulamaya koymak suretiyle kullanmak veya bu ürünle ilgili sözleşme yapmak için öneride bulunmak.

c) Patent sahibinin izni olmaksızın buluş konusu usulü kullanmak veya bu usulün izinsiz olarak kullanıldığını bildiği ya da bilmesi gerektiği hâlde buluş konusu usulle doğrudan doğruya elde edilen ürünleri satmak, dağıtmak veya başka bir şekilde ticaret alanına çıkarmak ya da bu amaçlar için ithal etmek, ticari amaçla elde bulundurmak, uygulamaya koymak suretiyle kullanmak veya bu ürünlerle ilgili sözleşme yapmak için öneride bulunmak.

ç) Patent veya faydalı model hakkını gasp etmek.

d) Patent veya faydalı model sahibi tarafından sözleşmeye dayalı lisans veya zorunlu lisans yoluyla verilmiş hakları izinsiz genişletmek veya bu hakları üçüncü kişilere devretmek.

(2) Patent konusunun, bir ürün veya maddenin elde edilmesine ilişkin bir usul olması hâlinde mahkeme, aynı ürün veya maddeyi elde etme usulünün patent konusu usulden farklı olduğunu ispat etmesini davalıdan isteyebilir. Patent konusu usulle elde edilen ürün veya maddenin yeni olması hâlinde, patent sahibinin izni olmadan üretilen aynı her ürün veya maddenin, patent konusu usulle elde edilmiş olduğu kabul edilir. Aksini iddia eden kişi bunu ispat etmekle yükümlüdür. Bu durumda, davalının üretim ve işletme sırlarının korunmasındaki haklı menfaati göz önünde tutulur.

(3) Patent başvurusunun veya faydalı model başvurusunun 97 nci maddeye göre yayımlandığı tarihten itibaren, patent başvurusu veya faydalı model başvurusu sahibi, buluşa vaki tecavüzlerden dolayı dava açmaya yetkilidir. Tecavüz eden, başvurudan veya kapsamından haberdar edilmiş ise başvurunun yayımlanmış olmasına bakılmaz. Tecavüz edenin kötüniyetli olduğuna mahkeme tarafından hükmolunursa, yayımdan önce de tecavüzün varlığı kabul edilir.

(4) Mahkeme, 99 uncu maddenin üçüncü veya yedinci fıkrası ile 143 üncü maddenin onuncu veya onikinci fıkrası uyarınca yapılan yayımdan önce, öne sürülen iddiaların geçerliliğine ilişkin olarak karar veremez.

ONUNCU KISIM

Faydalı Model

Faydalı model ile korunabilir buluşlar ve istisnaları

MADDE 142- (1) 83 üncü maddenin birinci fıkrası hükmüne göre yeni olan ve 83 üncü maddenin altıncı fıkrası kapsamında sanayiye uygulanabilen buluşlar, faydalı model verilerek korunur.

(2) Faydalı modelin yenilik değerlendirmesinde, buluş konusuna katkı sağlamayan teknik özellikler dikkate alınmaz.

(3) 82 nci maddenin ikinci ve üçüncü fıkralarına ek olarak;

a) Kimyasal ve biyolojik maddelere veya kimyasal ve biyolojik usullere ya da bu usuller sonucu elde edilen ürünlere ilişkin buluşlar,

b) Eczacılıkla ilgili maddelere veya eczacılıkla ilgili usullere ya da bu usuller sonucu elde edilen ürünlere ilişkin buluşlar,

c) Biyoteknolojik buluşlar,

ç) Usuller veya bu usuller sonucu elde edilen ürünlere ilişkin buluşlar,

faydalı model ile korunmaz.

Şeklî inceleme, araştırma talebi, itiraz ve faydalı modelin verilmesi

MADDE 143- (1) 90 ıncı maddenin üçüncü fıkrasında belirtilen unsurlardan herhangi birinin eksik olması hâlinde faydalı model başvurusu işleme alınmaz.

(2) İşleme alınan başvuruda 90 ıncı maddenin birinci fıkrasında belirtilen unsurlardan en az birinin eksik olması veya aynı maddenin ikinci fıkrası gereğince unsurların yabancı dilde verilmesi hâlinde, bildirime gerek olmaksızın başvuru tarihinden itibaren iki ay içinde eksiklikler giderilir veya Türkçe çeviriler verilir. Aksi takdirde başvuru geri çekilmiş sayılır.

(3) Kurum, 90 ıncı maddenin birinci fıkrasında belirtilen unsurları tam olan veya ikinci fıkraya uygun olarak unsurları tamamlanan başvuruyu, 90 ıncı maddenin beşinci fıkrası ile yönetmelikle belirlenen diğer şeklî şartlara uygunluk bakımından inceler.

(4) Başvurunun şeklî şartlara uygun olmadığı anlaşılırsa başvuru sahibinden bildirim tarihinden itibaren iki ay içinde eksikliği gidermesi istenir. Eksikliğin bu süre içinde giderilmemesi hâlinde başvuru reddedilir.

(5) Başvuru sahibi başvuruyla birlikte veya herhangi bir bildirime gerek olmaksızın başvurunun şeklî şartlara uygunluk bakımından bir eksikliğinin olmadığının veya eksikliklerin süresi içinde giderildiğinin bildirildiği tarihten itibaren iki ay içinde ücretini ödeyerek ve yönetmelikte belirtilen şartlara uygun olarak araştırma talebinde bulunur. Aksi takdirde başvuru geri çekilmiş sayılır.

(6) Başvuru sahibinin, beşinci fıkraya veya 104 üncü maddenin birinci fıkrasına uygun olarak araştırma talebinde bulunması hâlinde araştırma raporu düzenlenir, başvuru sahibine bildirilir ve Bültende yayımlanır.

(7) Başvuru konusunun 142 nci maddenin üçüncü fıkrası kapsamına girdiği sonucuna varılırsa veya tarifnamenin ya da tüm istemlerin yeterince açık olmaması araştırma raporunun düzenlenmesini engelliyorsa araştırma raporu düzenlenmez ve başvuru sahibinden bu konudaki itirazlarını veya başvurudaki değişikliklerini, bildirim tarihinden itibaren üç ay içinde sunması istenir. Bu süre içinde itirazda bulunulmaması veya itirazın ya da yapılan değişikliklerin Kurum tarafından kabul edilmemesi hâlinde başvuru reddedilir. İtirazın ve varsa yapılan değişikliklerin kabul edilmesi hâlinde araştırma raporu düzenlenir, başvuru sahibine bildirilir ve Bültende yayımlanır.

(8) Araştırma raporunun yayımlanmasından itibaren üç ay içinde ilgili belgeleri de eklemek suretiyle araştırma raporunun içeriğine başvuru sahibi itiraz edebilir, üçüncü kişiler görüş bildirebilir.

(9) Başvuru sahibi tarafından itiraz edilmemesi veya üçüncü kişiler tarafından görüş bildirilmemesi durumunda sadece araştırma raporu, itiraz edilmesi veya görüş bildirilmesi durumundaysa araştırma raporu ve itirazlar veya görüşler değerlendirilir.

(10) Kurum yaptığı değerlendirme sonucunda faydalı model verilmesine karar verirse bu karar başvuru sahibine bildirilir, karar ve faydalı model Bültende yayımlanır. Yapılan değerlendirme sonucunda faydalı modelin verilebilmesi için değişiklik yapılmasının gerekli olduğu durumda bildirim tarihinden itibaren iki ay içinde değişikliklerin yapılması istenir. Yapılan değişikliklerin kabul edilmesi hâlinde faydalı model verilmesine karar verilir, bu durum başvuru sahibine bildirilir, bu karar ve faydalı model Bültende yayımlanır. Değişikliklerin yapılmaması veya yapılan değişikliklerin Kurum tarafından kabul edilmemesi hâlinde başvuru geri çekilmiş sayılır, bu karar başvuru sahibine bildirilir ve Bültende yayımlanır. Faydalı modelin verilmesine ilişkin yayımdan sonra talep edilmesi ve belge düzenleme ücretinin ödenmesi hâlinde, düzenlenen belge faydalı model sahibine verilir.

(11) Faydalı model verilmesinden sonra 99 uncu maddede belirlenen itiraz usulü işletilemez, sadece mahkemeden hükümsüzlük talep edilebilir.

(12) Kurum yaptığı değerlendirme sonucunda başvurunun ve buna ilişkin buluşun bu Kanun hükümlerine uygun olmadığına karar verirse başvuru reddedilir, bu karar başvuru sahibine bildirilir ve Bültende yayımlanır. Bu karara karşı, 100 üncü maddeye göre itiraz edilebilir.

(13) Faydalı modelin verilmiş olması, geçerliliği ve yararlılığı konusunda Kurum tarafından garanti verildiği şeklinde yorumlanamaz, Kurumun sorumluluğunu da doğurmaz.

(14) Bu maddenin uygulanmasına ilişkin usul ve esaslar yönetmelikle belirlenir.

Faydalı modelin hükümsüzlüğü

MADDE 144- (1) Aşağıdaki hâllerde faydalı modelin hükümsüz sayılmasına yetkili mahkeme tarafından karar verilir:

a) Faydalı model konusu, 142 nci maddede belirtilen şartları taşımıyorsa.

b) Buluş 92 nci maddenin birinci fıkrası uyarınca yeterince açıklanmamışsa.

c) Faydalı model konusu, başvurunun ilk hâlinin kapsamını aşıyorsa veya faydalı modelin, 91 inci maddeye göre yapılan bölünmüş bir başvuruya veya 110 uncu maddenin üçüncü fıkrasının (b) bendine göre yapılan bir başvuruya dayanması durumunda en önceki başvurunun ilk hâlinin kapsamını aşıyorsa.

ç) Faydalı model sahibinin, 109 uncu maddeye göre faydalı model isteme hakkına sahip olmadığı ispatlanmışsa.

(2) Menfaati olanlar, Cumhuriyet savcıları veya ilgili kamu kurum ve kuruluşları faydalı modelin hükümsüzlüğünü isteyebilir. Faydalı model sahibinin 109 uncu maddeye göre faydalı model isteme hakkına sahip olmadığı nedeniyle faydalı modelin hükümsüzlüğü, ancak buluşu yapan veya halefleri tarafından istenebilir.

(3) Faydalı modelin hükümsüzlüğü davası, faydalı modelin koruma süresince veya hakkın sona ermesini izleyen beş yıl içinde, sicile faydalı model sahibi olarak kayıtlı kişiye karşı açılabilir. Sicilde hak sahibi olarak görülen kişilerin davaya katılabilmelerini sağlamak için bu kişilere ayrıca tebligat yapılır.

(4) Faydalı model sahibinin, 109 uncu maddeye göre faydalı model isteme hakkına sahip bulunmadığı hakkındaki iddia, ancak buluşu yapan veya halefleri tarafından ileri sürülebilir. Bu durumda, 110 uncu madde hükümleri uygulanır.

(5) Hükümsüzlük nedenleri faydalı modelin sadece bir bölümüne ilişkin bulunuyorsa, sadece o bölümü etkileyen istem veya istemlerin iptali suretiyle, kısmi hükümsüzlüğe karar verilir. Bir istemin kısmen hükümsüzlüğüne karar verilemez.

(6) Kısmi hükümsüzlük sonucu, faydalı modelin iptal edilmeyen istem veya istemleri 142 nci madde hükümlerine uygun olması hâlinde faydalı model, bu istem veya istemler için geçerli kalır.

Patentler ile ilgili hükümlerin uygulanabilirliği ve çifte koruma

MADDE 145- (1) Faydalı modele ilişkin açık bir hüküm bulunmadığı ve faydalı modelin özelliği ile çelişmediği takdirde bu Kanunda patentler için öngörülen hükümler, faydalı modeller hakkında da uygulanır.

(2) Aynı kişiye veya halefine, aynı buluş konusunda, aynı koruma kapsamıyla, birbirinden bağımsız olarak birden fazla patent veya faydalı model ya da bu belgelerin her ikisi verilmez.

BEŞİNCİ KİTAP
Ortak ve Diğer Hükümler

BİRİNCİ KISIM
Ortak Hükümler

Süreler ve bildirimler

MADDE 146- (1) Sınai mülkiyet hakkına ilişkin, itirazlar da dâhil olmak üzere Kurum nezdinde yapılacak tüm işlemlerde uyulması gereken süre, bu Kanun veya ilgili yönetmelikte belirlenmemişse bildirim tarihinden itibaren iki aydır. Bu sürelere uyulmaması hâlinde talep yapılmamış sayılır.

Ortak temsilci

MADDE 147- (1) Sınai mülkiyet hakkının birden çok kişiye ait olması hâlinde, geri çekme ve vazgeçme talebi hariç olmak üzere, marka veya patent vekili atanmadığı durumlarda Kurum nezdindeki tüm işlemler hak sahiplerince ortak temsilci olarak atanan hak sahibi tarafından yürütülür. Hak sahipleri tarafından ortak temsilci atanmaması durumunda, başvuru formunda adı geçen ilk hak sahibinin, ortak temsilci olduğu kabul edilir.

(2) Ortak temsilcinin yerleşim yerinin Türkiye Cumhuriyeti sınırları içinde olmaması durumunda, işlemler marka veya patent vekili vasıtasıyla yapılır.

(3) Ortak markalara ilişkin hükümler saklıdır.

Hukuki işlemler

MADDE 148- (1) Sınai mülkiyet hakkı devredilebilir, miras yolu ile intikal edebilir, lisans konusu olabilir, rehin verilebilir, teminat olarak gösterilebilir, haczedilebilir veya diğer hukuki işlemlere konu olabilir. Coğrafi işaret ve geleneksel ürün adı hakkı; lisans, devir, intikal, haciz ve benzeri hukuki işlemlere konu olamaz ve teminat olarak gösterilemez.

(2) Birinci fıkrada belirtilen hukuki işlemler işletmeden bağımsız olarak gerçekleştirilebilir.

(3) Sınai mülkiyet hakkının birden fazla sahibi olması durumunda sahiplerden birinin kendisine düşen payı tamamen veya kısmen üçüncü kişiye satması hâlinde, diğer paydaşların önalım hakkı vardır. Yapılan satış, alıcı veya satıcı tarafından diğer paydaşlara bildirilir. Önalım hakkı, satışın hak sahibine bildirildiği tarihin üzerinden üç ay ve her hâlde satışın üzerinden iki yıl geçmekle düşer. Tarafların anlaşamaması hâlinde, önalım hakkı alıcıya karşı dava açılarak kullanılır. Önalım hakkı sahibi, adına payın devrine karar verilmeden önce, satış bedelini, mahkeme tarafından belirlenen süre içinde mahkemenin belirleyeceği yere nakden yatırmakla yükümlüdür. Cebri artırmayla satışlarda önalım hakkı kullanılamaz.

(4) Hukuki işlemler, yazılı şekle tabidir. Devir sözleşmelerinin geçerliliği, ancak noter tarafından onaylanmış şekilde yapılmış olmalarına bağlıdır.

(5) Hukuki işlemler taraflardan birinin talebi, ücretin ödenmesi ve yönetmelikle belirlenen diğer şartların yerine getirilmesi hâlinde sicile kaydedilir ve Bültende yayımlanır. 115 inci madde hükümleri saklı kalmak üzere, sicile kaydedilmeyen hukuki işlemlerden doğan haklar iyiniyetli üçüncü kişilere karşı ileri sürülemez.

Sınai mülkiyet hakkı tecavüze uğrayan hak sahibinin ileri sürebileceği talepler

MADDE 149- (1) Sınai mülkiyet hakkı tecavüze uğrayan hak sahibi, mahkemeden aşağıdaki taleplerde bulunabilir:

a) Fiilin tecavüz olup olmadığının tespiti.

b) Muhtemel tecavüzün önlenmesi.

c) Tecavüz fiillerinin durdurulması.

ç) Tecavüzün kaldırılması ile maddi ve manevi zararın tazmini.

d) Tecavüz oluşturan veya cezayı gerektiren ürünler ile bunların üretiminde münhasıran kullanılan cihaz, makine gibi araçlara, tecavüze konu ürünler dışındaki diğer ürünlerin üretimini engellemeyecek şekilde elkonulması.

e) (d) bendi uyarınca elkonulan ürün, cihaz ve makineler üzerinde kendisine mülkiyet hakkının tanınması.

f) Tecavüzün devamını önlemek üzere tedbirlerin alınması, özellikle masraflar tecavüz edene ait olmak üzere (d) bendine göre elkonulan ürünler ile cihaz ve makine gibi araçların şekillerinin değiştirilmesi, üzerlerindeki markaların silinmesi veya sınai mülkiyet haklarına tecavüzün önlenmesi için kaçınılmaz ise imhası.

g) Haklı bir sebebin veya menfaatinin bulunması hâlinde, masrafları karşı tarafa ait olmak üzere kesinleşmiş kararın günlük gazete veya benzeri vasıtalarla tamamen veya özet olarak ilan edilmesi veya ilgililere tebliğ edilmesi.

(2) Birinci fıkranın (e) bendinde belirtilen talebin kabulü durumunda, söz konusu ürün, cihaz ve makinelerin değeri, tazminat miktarından düşülür. Bu değerin kabul edilen tazminat miktarını aşması hâlinde, aşan kısım hak sahibince karşı tarafa ödenir.

(3) Birinci fıkranın (g) bendinde belirtilen talebin kabulü durumunda ilanın şeklî ve kapsamı kararda tespit edilir. İlan hakkı, kararın kesinleşmesinden sonra üç ay içinde talep edilmezse düşer.

Tazminat

MADDE 150- (1) Sınai mülkiyet hakkına tecavüz sayılan fiilleri işleyen kişiler, hak sahibinin zararını tazmin etmekle yükümlüdür.

(2) Sınai mülkiyet hakkına tecavüz edilmesi durumunda, hakka konu ürün veya hizmetlerin, tecavüz eden tarafından kötü şekilde kullanılması

veya üretilmesi, bu şekilde üretilen ürünlerin temin edilmesi yahut uygun olmayan bir tarzda piyasaya sürülmesi sonucunda sınai mülkiyet hakkının itibarı zarara uğrarsa, bu nedenle ayrıca tazminat istenebilir.

(3) Hak sahibi, sınai mülkiyet hakkının ihlali iddiasına dayalı tazminat davası açmadan önce, delillerin tespiti ya da açılmış tazminat davasında uğramış olduğu zarar miktarının belirlenebilmesi için, sınai mülkiyet hakkının kullanılması ile ilgili belgelerin, tazminat yükümlüsü tarafından mahkemeye sunulması konusunda karar verilmesini mahkemeden talep edebilir.

Yoksun kalınan kazanç

MADDE 151- (1) Hak sahibinin uğradığı zarar, fiili kaybı ve yoksun kalınan kazancı kapsar.

(2) Yoksun kalınan kazanç, zarar gören hak sahibinin seçimine bağlı olarak, aşağıdaki değerlendirme usullerinden biri ile hesaplanır:

a) Sınai mülkiyet hakkına tecavüz edenin rekabeti olmasaydı, hak sahibinin elde edebileceği muhtemel gelir.

b) Sınai mülkiyet hakkına tecavüz edenin elde ettiği net kazanç.

c) Sınai mülkiyet hakkına tecavüz edenin bu hakkı bir lisans sözleşmesi ile hukuka uygun şekilde kullanmış olması hâlinde ödemesi gereken lisans bedeli.

(3) Yoksun kalınan kazancın hesaplanmasında, özellikle sınai mülkiyet hakkının ekonomik önemi veya tecavüz sırasında sınai mülkiyet hakkına ilişkin lisansların sayısı, süresi ve çeşidi, ihlalin nitelik ve boyutu gibi etkenler göz önünde tutulur.

(4) Yoksun kalınan kazancın hesaplanmasında, ikinci fıkranın (a) veya (b) bentlerinde belirtilen değerlendirme usullerinden birinin seçilmiş olması hâlinde, mahkeme ürüne ilişkin talebin oluşmasında sınai mülkiyet hakkının belirleyici etken olduğu kanaatine varırsa, kazancın hesaplanmasında hakkaniyete uygun bir payın daha eklenmesine karar verir.

(5) Mahkeme, patent haklarına tecavüz hâlinde, patent sahibinin bu Kanunda öngörülen patenti kullanma yükümlülüğünü yerine getirmemiş

olduğu kanaatine varırsa yoksun kalınan kazanç, ikinci fıkranın (c) bendine göre hesaplanır.

Hakkın tüketilmesi

MADDE 152- (1) Sınai mülkiyet hakkı korumasına konu ürünlerin, hak sahibi veya onun izni ile üçüncü kişiler tarafından piyasaya sunulmasından sonra bu ürünlerle ilgili fiiller hakkın kapsamı dışında kalır.

Dava açılamayacak kişiler

MADDE 153- (1) Sınai mülkiyet hakkı sahibi, hakkına tecavüz eden tarafından piyasaya sürülmüş ürünleri kişisel ihtiyaçları ölçüsünde elinde bulunduran veya kullanan kişilere karşı, bu Kanunda yer alan hukuk davalarını açamaz veya ceza davası açılması için şikâyette bulunamaz.

(2) Sınai mülkiyet hakkı sahibi, sebep olduğu zarardan dolayı kendisine tazminat ödeyen kişi tarafından, sınai mülkiyet hakkı sahibinin el koymaması nedeniyle piyasaya sürülmüş ürünleri ticari amaçla kullanan kişilere karşı, bu Kanunda yer alan hukuk davalarını açamaz veya ceza davası açılması için şikâyette bulunamaz.

Tecavüzün mevcut olmadığına ilişkin dava ve şartları

MADDE 154- (1) Menfaati olan herkes, Türkiye'de giriştiği veya girişeceği ticari veya sınai faaliyetin ya da bu amaçla yapmış olduğu ciddi ve fiili girişimlerin sınai mülkiyet hakkına tecavüz teşkil edip etmediği hususunda, hak sahibinden görüşlerini bildirmesini talep edebilir. Bu talebin tebliğinden itibaren bir ay içinde cevap verilmemesi veya verilen cevabın menfaat sahibi tarafından kabul edilmemesi hâlinde, menfaat sahibi, hak sahibine karşı fiillerinin tecavüz teşkil etmediğine karar verilmesi talebiyle dava açabilir. Bildirimin yapılmış olması, açılacak davada dava şartı olarak aranmaz. Bu dava, kendisine karşı tecavüz davası açılmış bir kişi tarafından açılamaz.

(2) Birinci fıkra uyarınca açılan dava, sicile kayıtlı tüm hak sahiplerine tebliğ edilir.

(3) Birinci fıkra uyarınca açılan dava, hükümsüzlük davasıyla birlikte de açılabilir.

(4) Mahkeme, 99 uncu maddenin üçüncü veya yedinci fıkrası ile 143 üncü maddenin onuncu veya on ikinci fıkrası uyarınca yapılan yayımdan önce, öne sürülen iddiaların geçerliliğine ilişkin olarak karar veremez.

Önceki tarihli hakların etkisi

MADDE 155- (1) Marka, patent veya tasarım hakkı sahibi, kendi hakkından daha önceki rüçhan veya başvuru tarihine sahip hak sahiplerinin açmış olduğu tecavüz davasında, sahip olduğu sınai mülkiyet hakkını savunma gerekçesi olarak ileri süremez.

Görevli ve yetkili mahkeme

MADDE 156- (1) Bu Kanunda öngörülen davalarda görevli mahkeme, fikri ve sınai haklar hukuk mahkemesi ile fikri ve sınai haklar ceza mahkemesidir. Bu mahkemeler, Hâkimler ve Savcılar Yüksek Kurulunun olumlu görüşü alınarak, tek hâkimli ve asliye mahkemesi derecesinde Adalet Bakanlığınca lüzum görülen yerlerde kurulur. Bu mahkemelerin yargı çevresi, 26/9/2004 tarihli ve 5235 sayılı Adlî Yargı İlk Derece Mahkemeleri ile Bölge Adliye Mahkemelerinin Kuruluş, Görev ve Yetkileri Hakkında Kanun hükümlerine göre belirlenir. Fikri ve sınai haklar hukuk mahkemesi kurulmamış olan yerlerde bu mahkemenin görev alanına giren dava ve işlere, o yerdeki asliye hukuk mahkemesince; fikri ve sınai haklar ceza mahkemesi kurulmamış olan yerlerde bu mahkemenin görev alanına giren dava ve işlere, o yerdeki asliye ceza mahkemesince bakılır.

(2) Kurumun bu Kanun hükümlerine göre aldığı bütün kararlara karşı açılacak davalarda ve Kurumun kararlarından zarar gören üçüncü kişilerin Kurum aleyhine açacakları davalarda görevli ve yetkili mahkeme, Ankara Fikri ve Sınai Haklar Hukuk Mahkemesidir.

(3) Sınai mülkiyet hakkı sahibi tarafından, üçüncü kişiler aleyhine açılacak hukuk davalarında yetkili mahkeme, davacının yerleşim yeri veya hukuka aykırı fiilin gerçekleştiği yahut bu fiilin etkilerinin görüldüğü yer mahkemesidir.

(4) Davacının Türkiye'de yerleşim yeri bulunmaması hâlinde yetkili mahkeme, davanın açıldığı tarihte sicilde kayıtlı vekilin işyerinin bulunduğu yerdeki ve eğer vekillik kaydı silinmişse Kurum merkezinin bulunduğu yerdeki mahkemedir.

(5) Üçüncü kişiler tarafından sınai mülkiyet hakkı sahibi aleyhine açılacak davalarda yetkili mahkeme, davalının yerleşim yerinin bulunduğu yer mahkemesidir. Sınai mülkiyet hakkı başvurusu veya sınai mülkiyet hak sahibinin Türkiye'de yerleşim yeri bulunmaması hâlinde, dördüncü fıkra hükmü uygulanır.

Zamanaşımı

MADDE 157- (1) Sınai mülkiyet hakkı veya geleneksel ürün adından doğan özel hukuka ilişkin taleplerde, 11/1/2011 tarihli ve 6098 sayılı Türk Borçlar Kanununun zamanaşımına ilişkin hükümleri uygulanır.

Lisans alanın dava açması ve şartları

MADDE 158- (1) Sözleşmede aksi kararlaştırılmamışsa inhisari lisansa sahip olan kişi, üçüncü bir kişi tarafından sınai mülkiyet hakkına tecavüz edilmesi durumunda, hak sahibinin bu Kanun uyarınca açabileceği davaları, kendi adına açabilir.

(2) İnhisari olmayan lisans alan, sınai mülkiyet hakkına tecavüz dolayısıyla dava açma hakkı sözleşmede açıkça sınırlandırılmamışsa, yapacağı bildirimle, gereken davayı açmasını hak sahibinden ister. Hak sahibinin, bu talebi kabul etmemesi veya bildirim tarihinden itibaren üç ay içinde talep edilen davayı açmaması hâlinde, lisans alan, yaptığı bildirimi de ekleyerek, kendi adına ve kendi menfaatlerinin gerektirdiği ölçüde dava açabilir. Bu fıkra uyarınca dava açan lisans alanın, dava açtığını hak sahibine bildirmesi gerekir.

(3) Lisans alan, ciddi bir zarar tehlikesinin varlığı hâlinde ve söz konusu sürenin geçmesinden önce, ihtiyati tedbire karar verilmesini mahkemeden talep edebilir. Mahkemenin tedbir kararı verdiği hâllerde talepte bulunan lisans sahibi dava açmaya da yetkilidir. Bu hâlde ikinci fıkradaki şartlar yargılama devam ederken tamamlanır.

İhtiyati tedbir talebi ve ihtiyati tedbirin niteliği

MADDE 159- (1) Bu Kanun uyarınca dava açma hakkı olan kişiler, dava konusu kullanımın, ülke içinde kendi sınai mülkiyet haklarına tecavüz teşkil edecek şekilde gerçekleşmekte olduğunu veya gerçekleşmesi için ciddi ve etkin çalışmalar yapıldığını ispat etmek şartıyla, verilecek hükmün etkinliğini temin etmek üzere, ihtiyati tedbire karar verilmesini mahkemeden talep edebilir.

(2) İhtiyati tedbirler özellikle aşağıda belirtilen tedbirleri kapsamalıdır:

a) Davacının sınai mülkiyet hakkına tecavüz teşkil eden fiillerin önlenmesi ve durdurulması.

b) Sınai mülkiyet hakkına tecavüz edilerek üretilen veya ithal edilen tecavüze konu ürünlere, bunların üretiminde münhasıran kullanılan vasıtalara ya da patenti verilmiş usulün icrasında kullanılan vasıtalara, tecavüze konu ürünler dışındaki diğer ürünlerin üretimini engellemeyecek şekilde, Türkiye sınırları içinde veya gümrük ve serbest liman veya bölge gibi alanlar dâhil, bulundukları her yerde elkonulması ve bunların saklanması.

c) Herhangi bir zararın tazmini bakımından teminat verilmesi.

(3) İhtiyati tedbirlerle ilgili bu Kanunda hüküm bulunmayan hususlarda 12/1/2011 tarihli ve 6100 sayılı Hukuk Muhakemeleri Kanunu hükümleri uygulanır.

İşlem yetkisi olan kişiler ve tebligat

MADDE 160- (1) Gerçek veya tüzel kişiler ile bu kişiler tarafından yetkilendirilmiş sicile kayıtlı marka veya patent vekilleri Kurum nezdinde işlem yapabilir.

(2) Tüzel kişiler, yetkili organları tarafından tayin edilen gerçek kişi veya kişilerce temsil edilir.

(3) Yerleşim yeri yurt dışında bulunan kişiler ancak marka veya patent vekilleri tarafından temsil edilir. Vekille temsil edilmeksizin asil tarafından gerçekleştirilen işlemler, yapılmamış sayılır.

(4) Marka veya patent vekili tayin edilmesi hâlinde, tüm işlemler vekil tarafından yapılır. Vekile yapılan tebligat asile yapılmış sayılır.

(5) Kurum gerekli gördüğü hâllerde vekilin yetkisini gösteren vekaletnamenin aslı ya da onaylı suretinin sunulmasını isteyebilir.

(2) Bu Kanunun yayımı tarihinden önce yapılmış ulusal patent başvuruları ve faydalı model başvuruları, başvuru tarihinde yürürlükte olan mevzuat hükümlerine göre sonuçlandırılır. Bu maddenin yürürlüğe girdiği tarihten sonra yapılan ek patent başvurularının sonuçlandırılmasında, ek patent başvurusu veya ek patentin bağımsız patent başvurusu ya da patente dönüştürülmesinde, asıl patent başvurusunun başvuru tarihinde yürürlükte olan mevzuat hükümleri uygulanır. İncelemesiz verilen patentin incelemeli patent başvurusuna dönüştürülmesinde, patent başvurusunun faydalı model başvurusuna ya da faydalı model başvurusunun patent başvurusuna değiştirilmesinde, patent ve faydalı modellerin hükümsüz kılınmasında, başvuru tarihinde yürürlükte olan mevzuat hükümleri uygulanır. Bu maddenin yürürlüğe girdiği tarihten önce ulusal aşamaya giren uluslararası veya bölgesel anlaşmalar yoluyla yapılmış patent başvuruları ve faydalı model başvuruları, başvurunun ulusal aşamaya girdiği tarihte yürürlükte olan mevzuat hükümlerine göre sonuçlandırılır.

(3) Mülga 551 sayılı Kanun Hükmünde Kararnamenin geçici 4 üncü maddesi kapsamındaki patentler hakkında aynı maddenin uygulanmasına devam edilir.

(4) Önceki mevzuat hükümlerine göre verilmiş patent ve faydalı modeller için 99 uncu, 138 inci ve 144 üncü maddeler ile 113 üncü maddenin beşinci fıkrası ve 121 inci maddenin sekizinci fıkrası hariç olmak üzere bu Kanun hükümleri uygulanır.

Özgeçmiş

M. Kaan DERİCİOĞLU
Patent ve Marka Vekili
Avrupa Patenti Vekili
Ankara Patent Bürosu Limited Şirketi Kurucu Ortağı ve Onursal Başkanı
Fikri Mülkiyeti Koruma Derneği Kurucu ve Onursal Üye
PEM Patent ve Marka Vekilleri Derneği Üye ve Disiplin Kurulu Başkanı
ODTÜ Yarı Zamanlı Öğretim Görevlisi

1964 yılından günümüze kadar fiilen fikri haklar alanında Patent ve Marka Vekili olarak çalışan M. Kaan Dericioğlu, Devlet Planlama Teşkilatı bünyesinde kurulan Patent Kanunu ve Türk Patent Enstitüsü Kuruluş Kanunu Hazırlık Özel İhtisas Komisyonu'nda Raportörlük ve Başkan Vekilliği yapmıştır.

Devlet Planlama Teşkilatı bünyesinde 1995 yılında kurulan Türkiye – AT Mevzuat Uyumu Sürekli Özel İhtisas Komisyonu, Fikri ve Sınai Haklar Alt Komisyonu Raporu, Komisyon Raportörlüğü; 1996 yılında kurulan Yedinci Beş Yıllık Kalkınma Planı Fikri ve Sınai Haklar Özel İhtisas Komisyonu Raporu, Komisyon Raportörlüğü; 2000 yılında kurulan Sekizinci Beş Yıllık Kalkınma Planı, Fikri Haklar Özel İhtisas Komisyonu Raporu, Komisyon Başkanı ve Raportörlüğü, görevlerini yapmıştır.

Mimar Sinan Güzel Sanatlar Üniversitesi, Orta Doğu Teknik Üniversitesi, İstanbul Teknik Üniversitesi, Ankara Üniversitesi Sosyal Bilimler Enstitüsü, Bilgi Üniversitesi ve TOBB Ekonomi ve Teknoloji Üniversitesi'nde Fikri Haklar alanında Lisans ve Yüksek Lisans dersleri vermiştir. FISAUM-Ankara Üniversitesi Fikri Haklar Araştırma ve Uygulama Merkezi'ndeki kurslarda görev almış, Sabancı Üniversitesi Girişimci Geliştirme Programı kapsamında öğretim elemanı olarak ve İstanbul Teknik Üniversitesi Genç Girişimci Geliştirme Programı (G3P) kapsamında Danışma Kurulu Üyeliği ve Öğretim Görevlisi olarak çalışmıştır.

TOBB Türkiye Patent ve Marka Vekilleri Meclisi, EPI Avrupa Patenti Enstitüsü, AIPPI-Uluslararası Fikri Hakları Koruma Birliği, PEM-Patent ve Marka Vekilleri Derneği, ICC-Milletlerarası Ticaret Odası, İSO KATEK-İstanbul Sanayi Odası Kalite Teknoloji İhtisas Kurulu, UİG-Ulusal İnovasyon Girişimi üye olarak çalışmış, Türk Patent ve Marka Kurumu, Ege Üniversitesi EBİLTEM ve Ankara Üniversitesi TTO Danışma Kurulu üyeliği ve G3 FORUM Geleceğin Gücü Girişimciler programında mentorluk yapmıştır.

2011 yılında İstanbul Büyükşehir Belediyesi tarafından düzenlenen İstanbul Taksi Yarışması'nda Fikri Haklar Danışmanı olarak görev yapmıştır.

Orta Anadolu İhracatçı Birlikleri Ulusal Mobilya Tasarım Yarışması, Erciyes Teknopark BİGG (Bireysel Genç Girişim) Programı, Yaratıcı Çocuklar Derneği ve TET Proje Baharı Yarışmasında Jüri üyeliği yapmıştır.

Orta Doğu Teknik Üniversitesi Mimarlık Fakültesi Endüstri Ürünleri

Özgeçmiş | 239

Tasarımı Bölümü'nde, yarı zamanlı öğretim görevlisi olarak ders vermektedir. Sınai Haklar (Ankara Patent yayını), Fikri Haklar Kılavuzu (İSO yayını), Marka Nedir Nasıl Korunur? (Para Dergisi yayını), Fikri Haklar Sözlüğü (TÜSİAD yayını), Buluşlar ve Patent Sistemi-Inventions and Patent System (Boğaziçi Üniversitesi yayını) vb. yayınları ve çeşitli dergilerde yayınlanmış birçok makalesi bulunmaktadır. www.kaandericioglu.com adresinde ve LinkedIn platformunda yazıları bulunmaktadır.

E-posta adresleri:
kaan.dericioğlu@ankarapatent.com - mkaan@metu.edu.tr

Kısaltmalar

WIPO	: Dünya Fikri Haklar Örgütü – World Intellectual Property Organization
PCT	: Patent İşbirliği Anlaşması – Patent Cooperation Treaty
EPC	: Avrupa Patenti Sözleşmesi – European Patent Convention
EPO	: Avrupa Patenti Ofisi - European Patent Office
UPP	: Birleşik Patent Koruması - Unitary Patent Protection
ARIPO	: African Regional Intellectual Property Organization
OAPI	: Afrika Fikri Haklar Organizasyonu - African Intellectual Property
GCC	: Körfez İşbirliği Konseyi - Gulf Cooperation Council
USPTO	: Birleşik Devletler Patent ve Marka Ofisi - United States Patent and Trade Mark Office
IPC	: Uluslararası Patent Sınıflandırması – International Patent Classification
CPC	: Birleşik Patent Sınıflandırması - Cooperative Patent Classification

SMK	: Sınai Mülkiyet Kanunu – Industrial Property Law
WTO	: Dünya Ticaret Örgütü – World Trade Organization
TRIPS	: Ticaretle Bağlantılı Fikri Haklar Anlaşması – Trade-Related Aspects of Intellectual Property Rigths
TTK	: Türk Ticaret Kanunu - Turkish Commercial Code
TDK	: Türk Dil Kurumu - Turkish Language Society
EAPC	: Avrasya Patent Sözleşmesi - Eurasian Patent Convention
EAPO	: Avrasya Patent Organizasyonu - Eurasian Patent Organizasyonu
UPP	: Uniter Patent Koruması - Unitary Patent Protection
PPH	: Hızlandırılmış İnceleme İşlemleri - Patent Prosecution Highway

Kaynaklar

- Buluşlar ve Patent Sistemi, M. Kaan Dericioğlu, Boğaziçi Üniversitesi Yayını, 2016
  http://www.kaandericioglu.com/wp-content/uploads/2017/03/Buluslar-ve-Patent-Sistemi-2016.pdf
- Fikri Haklar, M. Kaan Dericioğlu, 2019, Ders Notları
  http://www.kaandericioglu.com/fikri-haklar/
- What is? – How to protect? / Nedir? Nasıl Korunur? M. Kaan Dericioğlu, 2018, Ders Notları
  http://www.kaandericioglu.com/what-is-how-to-protect/
- Patent ve Faydalı Model, M. Kaan Dericioğlu, 2017, Ders Notları
  http://www.kaandericioglu.com/patent-ve-faydali-model/
- Fikri Haklar Kılavuzu, M. Kaan Dericioğlu, İstanbul Sanayi Odası Yayını, 2011/18
  http://www.iso.org.tr/sites/1/upload/files/5-Fikri_Haklar-225.pdf
- Fikri Haklar Sözlüğü, M. Kaan Dericioğlu, TÜSİAD Yayını, TÜSİAD-T/2010/04-500
- Inventing The Future, WIPO Pub. 917
  https://www.wipo.int/edocs/pubdocs/en/sme/917/wipo_pub_917.pdf
- Beyaz Nokta Vakfı https://www.beyaznokta.org.tr/oku.php?id=648
- WIPO Ek Patent Listesi
  https://www.wipo.int/export/sites/www/pct/en/texts/pdf/typesprotection.pdf

- US 3630430
  https://worldwide.espacenet.com/publicationDetails/biblio?II=0&ND=3&adjacent=true&locale=en_EP&FT=D&date=19711228&CC=US&NR=3630430A&KC=A#
- WIPO IPC sınıf tablosu
  https://www.wipo.int/classifications/ipc/en/
- JP 2002137957
  https://worldwide.espacenet.com/publicationDetails/biblio?II=1&ND=3&adjacent=true&locale=en_EP&FT=D&date=20020514&CC=JP&NR=2002137957A&KC=A
- Triadic Patent (Üçlü Patent)
  http://www.physics.metu.edu.tr/~serhat/Triadic_Patents.html
- 6769 sayılı Sınai Mülkiyet Kanunu
  www.mevzuat.gov.tr/MevzuatMetin/1.5.6769.pdf
- 6102 sayılı Türk Ticaret Kanunu
  https://www.mevzuat.gov.tr/MevzuatMetin/1.5.6102.pdf
- 6098 sayılı Türk Borçlar Kanunu
  https://www.mevzuat.gov.tr/MevzuatMetin/1.5.6098.pdf
- OSLO Kılavuzu
  http://www.tubitak.gov.tr/tubitak_content_files/BTYPD/kilavuzlar/Oslo_3_TR.pdf
- WTO TRIPS
  http://www.wto.org/english/docs_e/legal_e/27-trips_04d_e.htm#7
- Patent Teaching Kit
  http://www.aic.lv/rp/Latv/PROT/20091113/IPR_Teaching_kit/patent_teaching_kit_en.pdf
- 5846 sayılı Fikir ve Sanat Eserleri Kanunu
  http://www.mevzuat.gov.tr/MevzuatMetin/1.3.5846.pdf
- Avrupa Patenti Sözleşmesi
  https://www.epo.org/law-practice/legal-texts/epc.html
- Amerika Birleşik Devletleri Patent ve Marka Ofisi
  http://www.uspto.gov
- US 2001/0011244A1
  http://appft.uspto.gov/netacgi/nph-Parser?Sect1=PTO1&Sect2=-HITOFF&d=PG01&p=1&u=%2Fnetahtml%2FPTO%2Fsrchnum.html&r=1&f=G&l=50&s1=%2220010011244%22.PGNR.&OS=DN/20010011244&RS=DN/20010011244

- T970935eu1.html
  https://www.epo.org/law-practice/case-law-appeals/recent/t970935eu1.html
- WIPO Faydalı Model Ülke Listesi
  http://www.wipo.int/sme/en/ip_business/utility_models/where.htm
- WIPO Grace Period Ülke listesi
  http://www.wipo.int/export/sites/www/scp/en/national_laws/grace_period.pdf
- US Prior Art Exception Under AIA
  https://www.uspto.gov/web/offices/pac/mpep/s2153.html
- Paris Uluslararası Sergiler Sözleşmesi 1928
  https://www.bie-paris.org/site/en/about-the-bie/the-1928-paris-convention
- CPC Cooperative Patent Classification
  https://worldwide.espacenet.com/classification?locale=en_EP
- IPC International Patent Classification
  https://www.wipo.int/classifications/ipc/en/
- Guide to the International Patent Classification Version 2018
  https://www.wipo.int/export/sites/www/classifications/ipc/en/guide/guideipc.pdf
- World Intellectual Property Indicators 2018
  https://www.wipo.int/edocs/pubdocs/en/wipo_pub_941_2018.pdf
- Türk Patent ve Marka Kurumu Resmî İstatistikler
  https://www.turkpatent.gov.tr/TURKPATENT/statistics/
- 6750 sayılı Ticari İşlemlerde Taşınır Rehni Kanunu
  http://www.mevzuat.gov.tr/MevzuatMetin/1.5.6750.pdf
- US 5527012
  https://worldwide.espacenet.com/publicationDetails/biblio?II=0&ND=3&adjacent=true&locale=en_EP&FT=D&date=19960618&CC=US&NR=5527012A&KC=A#
- Guidelines for Examination in the European Patent Office
  https://www.epo.org/law-practice/legal-texts/guidelines.html
- (TDK, Türkçe Sözlük)
  http://www.tdk.gov.tr/index.php?option=com_bts&arama=kelime&guid=TDK.GTS.5cd3fd51226739.83158570
- Av. Ekin Karakuş Öcal, Laboratuvar Defterinin Hukuki Yorumu Anadolu Üniversitesi, 2015

- Laboratuvar Kalemi Testi,
  Laboratuvar Araştırma Defteri, Entekno Limited, Eskişehir
- «Pre-Drafting and Drafting of Application – Kaisa Suominen & Erich Waeckerlin» epi Seminar in Istanbul, 12-13 May 2014
- NOLO The Inventor's Notebook (Fred Grissom – David Pressman)
- Anadolu Üniversitesi Laboratuvar Defteri Örneği
- Bilkent Üniversitesi Laboratuvar Defteri Örneği
- NOLO Inventor's Notebook, Invention Disclosure
- WIPO Patent Drafting Manual
  http://www.wipo.int/edocs/pubdocs/en/patents/867/wipo_pub_867.pdf
- Türk Patent, Patent Veri Tabanı
  http://online.turkpatent.gov.tr/EPATENT/servlet/PreSearchRequestManager
- Avrupa Patenti Ofisi, Patent Veri Tabanı
  https://worldwide.espacenet.com
- Amerika Birleşik Devletleri Patent ve Marka Ofisi, Patent Veri Tabanı
  http://patft.uspto.gov/netahtml/PTO/srchnum.htm
- WIPO Uluslararası Patent Veri Tabanı
  http://www.wipo.int/patentscope/search/en/search.jsf;jsessionid=EA37BBDF1BD0EA20B94637FB8F-3B310C.wapp2
- Freepatents Patent Veri Tabanı
  http://www.freepatentsonline.com/
- Google Patent Veri Tabanı
  http://www.google.com/patents
- Birleşik Krallık Fikri Haklar Ofisi
  https://www.gov.uk/topic/intellectual-property/patents
- Japonya Patent Ofisi
  http://www.jpo.go.jp/e/index.html
- Almanya Patent ve Marka Ofisi
  https://www.dpma.de/english/patents/search/index.html
- Macaristan Fikri Haklar Ofisi
  http://epub.hpo.hu/e-kutatas/?lang=EN
- Kore Cumhuriyeti Fikri Haklar Ofisi
  https://www.kipo.go.kr/en/MainApp?c=1000
- Kanada Fikri Haklar Ofisi
  http://brevets-patents.ic.gc.ca/opic-cipo/cpd/eng/search/basic.html

- Dr. Özgür ÖZTÜRK, Türk Hukukunda Patent Verilebilirlik Şartları, Arıkan Yayınevi, 2008
- GB 2320007 https://worldwide.espacenet.com/publicationDetails/biblio?II=0&ND=3&adjacent=true&locale=en_EP&FT=D&date=19980610&CC=GB&NR=2320007A&KC=A#
- Patent İşbirliği Anlaşması
  http://www.wipo.int/treaties/en/registration/pct/
- WIPO PCT 2017 ve 2018 İstatistikleri
  https://www.wipo.int/export/sites/www/pressroom/en/documents/pr_2019_830_annex.pdf#annex1
- Patent Cooperation Treaty, Üye Listesi
  http://www.wipo.int/export/sites/www/treaties/en/documents/pdf/pct.pdf
- Avrupa Patenti Sözleşmesi, Üye Listesi
  http://www.epo.org/about-us/epo/member-states.html
- Avrasya Patenti Sözleşmesi
  http://www.eapo.org/en/documents/norm/convention_txt.html
- Unitary Patent Protection
  http://www.epo.org/news-issues/issues/unitary-patent.html
  https://www.epo.org/law-practice/unitary/unitary-patent/applying.html
- Uluslararası Araştırma Raporu (X) Örneği EP 3190190
  https://worldwide.espacenet.com/maximizedOriginalDocument?ND=4&flavour=maximizedPlainPage&locale=en_EP&FT=D&date=20170712&CC=EP&NR=3190190A1&KC=A1
- Avrupa Araştırma Raporu (Y) Örneği EP12152647
  https://register.epo.org/application?documentId=EV1XZ26P-3963FI4&-number=EP12152647&lng=en&npl=false
- Kısmen Yeni Araştırma Raporu Örneği
  https://register.epo.org/application?documentId=EV1XZ26P-3963FI4&-number=EP12152647&lng=en&npl=false
- GB2291852 (A) — 1996-02-07
  https://worldwide.espacenet.com/publicationDetails/biblio?II=0&ND=3&adjacent=true&locale=en_EP&FT=D&date=19960207&CC=GB&NR=2291852A&KC=A
- İnceleme Raporu Örneği
  https://www.turkpatent.gov.tr/TURKPATENT/resources/temp/522B990B-E529-4378-8287-66E77494B4FA.pdf

- The Medical Innovation Playbook
  https://techtransfercentral.com/marketplace/cci/mip/
- Türk Patent - PPH
  https://www.turkpatent.gov.tr/TURKPATENT/resources/pph/PPHTR.pdf
- WIPO, Indicators 2017, Indicators 2018 Key Numbers
  https://www.wipo.int/publications/en/details.jsp?id=4234
  https://www.wipo.int/publications/en/details.jsp?id=4369
- WIPO Yurtdışı patent başvuruları ve verilen patentler
  https://www.wipo.int/ipstats/en/statistics/country_profile/

Kavramlar Dizini

2015-2017 Başvuru Sayıları 144
6518 Sayılı Kanun 142
6769 Sayılı Kanun 36, 44, 92, 104, 124, 125, 134, 135, 136
6769 sayılı Sınai Mülkiyet Kanunu 30, 31, 32, 50, 55, 64, 65, 124, 127, 128, 131, 139, 173, 243
(Y) ve (X) Kategorileri Arasındaki Fark 116

A
Amerika Birleşik Devletleri Örneği 89, 94
Amerika Birleşik Devletleri Patent Veri Tabanı 77
Anadolu Üniversitesi Laboratuvar Defteri Örneği 17, 245
Araştırma Raporu 43, 45, 46, 61, 133, 187, 188, 189, 194, 210, 225, 226
Araştırma Raporunun Düzenlenmesi 101, 133, 187, 188, 225
Araştırma Raporunun Yayımlanması 119, 226

Atıf Yapılan Referanslar 87
Avrasya Patenti Başvurusu 103, 109
Avrupa Araştırma Raporu (Y) Örneği EP12152647 117, 246
Avrupa Patenti Başvurusu 35, 42, 61, 90, 102, 103, 108, 112
Avrupa Patenti İşlem Şeması 109
Avrupa Patenti Örneği 89
Avrupa Patenti Veri Tabanı 76, 85, 86
Avrupa Patentinde Ölçütler 63
Avrupa ve Avrasya Patenti Sayıları Karşılaştırılması 109
Aynî Sermaye 101, 122, 123, 124

B
Bağımlı Patent 41, 219
Başvuru İçin Verilecek Belge ve Bilgiler 132
Başvurunun Yayımlanması 30, 31, 133, 188, 189, 193
Bazı Ülkelerin Patent Ofis Siteleri 77
Bilgi Kaynağı Olarak Patent Sınıfları ve Sayıları 73

Kavramlar Dizini | 249

Bilgisayar Programları 50, 51, 55, 175
Bilkent Üniversitesi Laboratuvar Defteri Örneği 18
Birleşik Krallık Araştırma Raporu Örneği 97
Birleşik Patent Sınıflandırması 72, 240
Bisiklet için Pedal Çevirme Cihazı İngilizce 159
Bisiklet için Pedal Çevirme Cihazı Türkçe 150
Buluş Basamağı 13, 34, 35, 36, 43, 44, 45, 46, 51, 60, 61, 62, 64, 65, 104, 111, 113, 114, 115, 116, 117, 118, 119, 120, 175, 176, 177, 210
Buluş Bildirim Formu 15, 19, 79, 80, 101
Buluş Bildirim Formu Örneği 19
Buluş Bildirimi v, 19, 22, 137
Buluş Bütünlüğü 64, 66, 67, 80, 183, 184
Buluş Bütünlüğü İçin Örnek 67
Buluşa Patent Verilmesinin Amacı 29
Buluşa Patent veya Faydalı Model Belgesi Verilmesini Etkilemeyen Açıklamalar (Hoşgörü Süresi- Grace Period) 57, 177
Buluş Yapan Nasıl Davranır? 9
Buluşçu Defteri v, 12, 13, 14, 15, 16, 19, 101
Buluşçu Defteri Örnekleri 16
Buluşta Teknik Özellik 64

C

Cited Documents 87
comprising 93, 94, 95
"Comprising" ve "Consisting" Açıklaması 94

Cooperative Patent Classification 69, 70, 72, 244
CPC 69, 70, 72, 86, 240, 244

Ç

Çalışanların Buluşları 135, 136, 200, 201, 206

D

Devir 229
Diğer Konular 138
Dönüşümde Araştırma Raporundaki Dönüşü Etkileyen Ayrıntı 45

E

Einstein Problem Çözme Sırrı 3
Ek Patent 210, 211, 236
Ek Patentin Sanayi İçin Önemi 34
En Çok Kullanılan Kategoriler 114
EPO 15, 33, 87, 109, 110, 141, 142, 147, 148, 240
Eser Koruması ile Patent Koruması Arasındaki Fark 52

F

Faydalı Model Başvurusundan Dönüşüm 46
Faydalı Model Belgesi 8, 9, 10, 31, 43, 44, 45, 53, 57, 65, 66, 101, 121, 123, 127, 130
Figures 89, 169
Fikir Ürünü 1
Further Comprising 93

G

Geçici Koruma 30
Genel Olarak Patent Verilebilirlik Ölçütleri 64
Gerçek Buluşçu/Buluşçular 64, 65

Gizli Patent 209, 211, 212
Göstergeler 7, 73, 143, 146, 148

H
Hakkın Tüketilmesi İlkesi 138, 139
Hakların Korunması 11, 121, 173
Hakların Yeniden Tesisi 135, 195, 196
Hızlandırılmış İnceleme İşlemleri 140, 241
How to Get a European Patent 90

I
International Patent Classification 70, 71, 240, 244
"Invention Disclosure Form" İngilizce Örneği 23
"Invention Disclosure Form" Türkçe Örneği 26
IPC 38, 40, 69, 70, 71, 72, 73, 74, 81, 86, 240, 243, 244

İ
İnceleme Raporu 44, 45, 101, 104, 118, 119, 120, 133, 142, 189, 246
İnceleme Raporu Örneği 120, 246
İnovasyon 5, 6, 12, 238
İstatistikler x, 73, 99, 106, 110, 137, 143, 244
İstemler 181, 182, 183, 184, 185, 220, 221, 222, 228
İşlem Sayıları 146, 147
İşlem Şeması 104, 107, 109
İşlemlerin Devam Ettirilmesi 135, 195, 196
İtiraz 181, 182, 190, 191, 193, 197, 207, 215, 224, 226

J
Japonya Örneği 88

K
Karar 31, 32, 36, 45, 49, 51, 61, 79, 99, 100, 120, 121, 134, 147, 148, 189, 190, 191, 193, 203, 210, 211, 214, 215, 218, 220, 221, 222, 224, 226, 227, 229, 231, 232, 233, 234, 235
Kategori (A) 114
Kategori (X) 46, 115
Kategori (Y) 116
Kategoriler 113, 114
Kısmen Yeni Araştırma Raporu Örneği 118, 246

L
Laboratuvar Defteri 12, 13, 17, 18, 101, 244, 245
Lisans 9, 22, 41, 44, 52, 101, 126, 127, 128, 129, 180, 199, 200, 209, 213, 214, 215, 216, 217, 218, 219, 222, 223, 229, 231, 234, 238, 249, 250

M
"Medical Devices" "2014:2017" Yıl Sınırlı Araştırması 85
"Medical Devices" Araştırması 84, 85
"medikal cihaz" Araştırması 83

N
NOLO Invention Disclosure 22
"NOLO Invention Disclosure" Çevirisi 22
NOLO Inventor's Notebook 21, 245
NOLO The Inventor's Notebook (Fred Grissom – David Pressman) 16, 245

Ö
Ön Araştırma 81, 82, 83, 84, 85, 86, 98

Kavramlar Dizini | 251

Özel Kategorileri 113
Özet 158, 185

P

Paralel İthalat 138, 139
Patent Araştırması Yapılan Siteler 77
Patent Başvuru Sıralamasına Göre
Patent Sayıları 145
Patent Başvuru Sistemleri Listesi 105
Patent Başvuruları 35, 36, 68, 70, 73, 74, 75, 76, 77, 87, 99, 100, 102, 105, 113, 141, 142, 148, 149, 176, 192, 195, 210, 211, 212, 236, 247
Patent Başvurularının IPC Sınıflarına Göre Dağılımı 74
Patent Başvurusu İçin Seçenekler 103
Patent Başvurusu ve Faydalı Model Başvurusu Arasında Dönüşüm 44
Patent Başvurusundan Dönüşüm 45
Patent Başvurusunun Hazırlanması 79

Patent Ön Araştırması 15, 19, 69, 79, 81, 99
Patent Prosecution Highway 140
Patent Resimleri 96
Patente İlişkin Hükümlerin Faydalı Modele Uygulanması 44
Patentin Verilmesine İtiraz 61, 132
PatentScope 77, 245
PatentScope Veri Tabanı 77
Patent Sınıf Araştırması 86
Patent Sınıflandırması vii, 68, 70, 71, 72, 240
Patent Süreçleri 99, 100, 101
Patent Süreçleri Tablosu 101
Patent Tarifnamesi 2, 13, 14, 52, 65, 79, 80, 88, 100

Patent Verilebilirlik Ölçütleri 43, 51, 60, 63, 64, 111
Patent Verilmeyecek Buluşlar 56
Patent Verilmeyecek Konular 55
Patent Veri Tabanları 76, 78
Patent ve Ticaret Sırları Arasındaki Fark 49
Pedalling Device for Bicycle 159
PPH 140, 241, 247
Provisional Patent Application 141

R

References Cited 87
Rehin 124, 125, 229
Rüçhan Hakkı 177, 184, 185, 186, 194, 204

S

Sahiplik 121
Sanayiye Uygulanabilirlik 34, 45, 50, 62, 65, 111, 119
Serbest Kullanım 130
Sınai Mülkiyet Kanunu 30, 31, 32, 50, 55, 64, 65, 124, 127, 128, 139, 173, 241, 243
Sınıf Sembolleri ile Patent Ön Araştırması 69
Sözleşmeye Dayanan Lisans 126, 249
Söz Uçar Yazı Kalır 12

Ş

Şirketlerin Birleşmesi 122, 123, 124

T

Tarifname Başlıkları 91
Tekniğin Bilinen Durumu 35, 36, 60, 61, 90, 99, 113, 176, 177, 210
"tıbbi cihaz" Araştırması 84

Ticaret Sırları – Açıklanmamış Bilgiler 47
Triadic Patent 34, 41, 243
TÜBİTAK Destekleri 141
Türkiye'de Ölçütler 60
Türkiye'de Patent ve Faydalı Model İşlem Şeması 104
Türkiye'nin Yabancı Patentlerden Aldığı Pay 149
Türkiye Örneği 90
Türk Patent 36, 45, 54, 73, 76, 81, 82, 83, 84, 93, 107, 124, 125, 133, 134, 140, 141, 144, 173, 238, 244, 245, 247
Türk Patent ve Marka Kurumu 36, 54, 76, 81, 82, 83, 84, 93, 107, 124, 125, 133, 134, 140, 141, 144, 238, 244
Türk Patent ve Marka Kurumu Uygulaması 93
Türk Patent Veri Tabanı 76

U
Ulusal Patent Başvurusu 103, 144
Uluslararası Araştırma Raporu (X) Örneği EP 3190190 115, 246
Uluslararası Patent Başvurusu 35, 79, 102, 103, 105, 106, 107, 109, 112, 144
Uluslararası Patent Başvurusu İşlem Şeması 107
Uluslararası Patent Sınıflandırması 70, 71, 240
USPTO 34, 87, 141, 142, 240
Usul Patenti 33, 37, 39, 250
Usul Patenti Örneği 39

Ü
Ücretli Bazı Patent Veri Tabanları 78
Üçüncü Kişilerin Görüşleri 133

Üçüncü Kişilerin İtirazları 120
Üniter Patent Koruması (Unitary Patent Protection – UPP) 42
Üründeki Unsurların Gruplandırılması 7
Ürün Patenti 33, 37, 38, 40
Ürün Patenti Örneği 37
Ürün ve Usul Patentleri Arasındaki Fark 40
Ürün ve Usul (Yöntem) Buluşu 3, 37

V
Verilen Patentlerin IPC Sınıflarına Göre Dağılımı 73, 74

W
Wherein 93
WIPO 2, 5, 6, 7, 22, 35, 38, 40, 53, 58, 71, 73, 77, 80, 99, 106, 107, 141, 142, 143, 144, 145, 146, 147, 148, 240, 242, 243, 244, 245, 246, 247
"WIPO Patent Drafting Manual" Örneği 22

Y
Yenilik 104, 176, 224
Yeterince Açık ve Tam 13, 64, 65, 100, 184
Yıllık Ücretler 66, 101, 134, 135, 184, 192, 222
Yurtdışı Patent Başvuruları 148
Yurtdışı Patent Başvurusu ve Alınan Patentler 149

Z
Zorunlu Lisans 214, 215, 216, 217, 218, 219, 223